我的时尚厨房

Eat! The
QUICK-LOOK
COOKBOOK

[澳]加布里埃拉·斯科利克 著　吕文静 译

中信出版集团 · CHINA**CITIC**PRESS · 北京

欢迎打开《我的时尚厨房》！

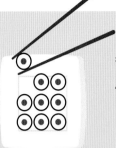

很高兴你能加入我们的烹饪旅程，在后面的内容里，我们将向你提供你所需要的，有关厨房、厨艺的一切知识。热菜、冷盘、慢炖的、烘焙的、煎炸的、进烤箱的、用平底锅的、上烤架的……这里有五花八门的厨房技巧，可以帮助你烹制出你所能想到的那些色香味俱全的美味佳肴。

你是否曾经站在冰箱前，面对琳琅满目的食材却又完全不知道该做什么？

又是否曾经特别想做一道菜却无从下手？

也许您想举办个家庭聚会，用精湛的厨艺惊艳全场？

忙碌了一天一身疲惫地回到家中却无暇下厨？

受够了微波速食？

总想知道怎么调制祖母级的私房高汤？

憧憬能像日料大厨一样制作寿司卷？

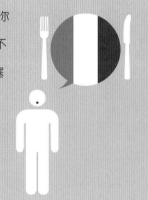

或者像女王一样享用完美的下午茶？

像詹姆斯·邦德那样调制一杯完美的马提尼？

这本书将帮助您找到这些问题的答案。

简单的说明，精准的图解，指导你完成每一道菜。当然了，只要按照指导来，我们保证你不会烧煳任何东西。尽管厨房里总是有各种失败和麻烦，但你将在本书中得到无数的指导和窍门，让你在棘手的情况下忙而不乱，安然突围。谁都不想让一个完美的聚会被红酒里漂着的橡木塞碎渣扫兴吧？

好了，理论说得够多了，现在就让我们冲进厨房吧！祝你旗开得胜，大显身手，最重要的是：享受好胃口！

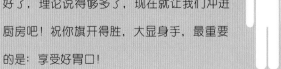

本书的内容依照烹饪方法，而非菜品不同而划分。每个章节告诉我们的不是"要做什么"，而是"该如何操作"。因此我们会发现，有时，甜味的菜和咸味的菜会出现在同一章里。当然，你可以随性决定让餐桌上呈现哪道佳肴。

需要

P014

在这部分内容中，你将了解到最重要的厨房设备——锅、刀具、杯具等等。

了解

P022

和烹饪相关的有趣又娱乐的内容。

准备

P048

你在这里将发现重要的操作技巧和基础配方：如何切菜、切水果，如何剥虾去沙线，以及如何制作比萨面团。

不开火的烹饪

P064

冷餐配方：做青酱、冷汤、沙拉或巧克力慕斯。

煮

P088

从熬制意面酱、吊汤，煮咖喱、土豆泥到香草米布丁……包罗万象。

烤

P126

用烤箱烤制肉类和蔬菜：烤鸡、烤牛肉、烤南瓜等等。

炖

P138

需要长时间烹饪且味道浓郁的菜肴：如烩牛肉、肉馅菜卷、普罗旺斯杂烩。

炒和煎炸

P154

平底锅出品菜系：煎蛋饼、泰式炒河粉、炸薯条、咸味松饼、甜味松饼、炸苹果圈。

烧烤

P180

室内外炭火烤制：猪肋排、汉堡、烤水果。

烘焙

P192

烘焙制作的甜味和咸味菜肴：千层面、比萨、蛋糕、麦芬。

预制保存

P218

水果和蔬菜的保存方式：杏果酱、橘子酱、果冻。

酒水

P230

关于饮品超级便利的知识和配方：葡萄酒、鸡尾酒、果昔、浓咖啡。干杯啦！

目录

001 | 如何使用本书

需要 need

002 | 选择基本的烹饪设备
003 | 选择基本的烘焙设备
004 | 选择基本的电动工具和设备
005 | 厨房里的节能操作

006 | 选择厨房小帮手
007 | 选择厨具
008 | 选择刀具
009 | 餐具套装

010 | 为婴幼儿选择餐具
011 | 使用正确的玻璃杯
012 | 布置一张完美的餐桌
013 | 为餐桌选择标配的瓷器

了解 know

014 | 挑选应季食材
015 | 食材保鲜
016 | 了解卡路里的摄入量
017 | 选择一项活动燃烧掉卡路里
018 | 全世界都在吃什么
019 | 了解你所需要的维生素
020 | 食物的颜色
021 | 食材搭配
022 | 香辛料的运用

023 | 香草入馔
024 | 读懂椒类辣度的史高维尔指数（辣度指数）
025 | 不同国家牛肉切割方法及各部位名称
026 | 不同国家猪肉切割方法及各部位名称
027 | 哪些鱼类可以吃
028 | 挑选意面
029 | 咖啡速成
030 | 饮料中的咖啡因含量
031 | 使用筷子的方法

032 | 铁锅除锈
033 | 制作一支不粘手的擀面杖
034 | 如何让孩子吃蔬菜
035 | 隔水炖锅的使用
036 | 蒸锅的使用
037 | 如何用不同的语言敬酒
038 | 向全世界说"吃好喝好！"

准备 prepare

039 | 切洋葱
040 | 用热油去蒜皮
041 | 把酸黄瓜切成扇形片
042 | 切丝和切丁
043 | 剁碎香草
044 | 蔬菜切片
045 | 辣椒切末
046 | 柿子椒去皮
047 | 切香葱
048 | 制作一束混合香料
049 | 剁姜末
050 | 番茄去皮
051 | 雕一朵萝卜花
052 | 做一朵番茄花

053 | 修整洋蓟
054 | 拆石榴
055 | 牛油果取肉
056 | 杧果切丁
057 | 拆椰子
058 | 切凤梨
059 | 擦柠檬皮屑
060 | 柠檬草的料理方法
061 | 剥虾去沙线
062 | 撬牡蛎
063 | 制作鲜花冰块
064 | 冻存香草
065 | 制作意面面团

066 | 切制意大利宽面
067 | 包意式饺子
068 | 分离蛋液
069 | 制作面包面团
070 | 准备比萨面团
071 | 制作酵母面团
072 | 辫子面包的造型
073 | 制作泡芙酥皮
074 | 制作甜味起酥面团
075 | 制作咸味起酥面团
076 | 准备蛋糕面糊
077 | 制作海绵蛋糕面糊
078 | 编乡村格子派

不开火的烹饪　cook without heat

079　制作调味黄油
080　制作蛋黄酱
081　制作蛋黄酱鸡蛋
082　制作格莫拉塔
083　制作蒜香蛋黄酱
084　制作塔塔酱
085　准备牛油果酱
086　制作青瓜酸乳酪酱
087　制作意大利青酱
088　准备烧烤酱
089　制作奶酪火腿吐司
090　制作萨拉米三明治
091　制作奶酪三明治
092　制作寿司卷
093　制作寿司手卷
094　制作刺身玫瑰花
095　用青柠制作秘鲁酸橘汁腌鱼
096　用酱油和焦化奶油烹制三文鱼
097　制作甜菜黄瓜冷汤
098　制作西班牙番茄冷汤

099　制作牡丹虾黄瓜汤
100　制作意大利牛肉薄切配凤尾鱼汁
101　制作意大利番茄罗勒水牛奶酪冷盘
102　制作经典油醋汁
103　准备酪乳酱（牛奶酱）
104　制作柠檬油醋汁
105　制作酸奶调味酱
106　准备黑醋调味汁
107　制作香草调味汁
108　准备恺撒沙拉调味酱
109　制作培根、面包丁、苦苣沙拉
110　制作番茄沙拉
111　制作青菜沙拉
112　制作蘑菇沙拉
113　制作松子菠菜沙拉
114　制作番茄夏南瓜沙拉
115　制作面包沙拉
116　用石榴配比利时菊苣沙拉
117　制作蔬菜沙拉
118　制作火腿卷

119　制作意面沙拉
120　制作黎巴嫩塔布勒沙拉
121　制作鸡蛋沙拉
122　制作蔬菜鸡蛋沙拉
123　制作菜丝沙拉
124　制作恺撒沙拉
125　制作华尔道夫沙拉
126　准备黄油酱
127　准备巧克力黄油酱
128　准备巧克力慕斯
129　制作提拉米苏
130　准备糖霜
131　准备巧克力糖霜
132　完美平滑地给蛋糕抹上糖霜
133　制作巧克力薄荷叶
134　制作巧克力蕾丝花边
135　用模具做糖印花
136　准备水果沙拉
137　果昔冰棒

煮　cook

138　水煮蛋
139　水波蛋
140　制作本尼迪克蛋
141　烹制夏南瓜"意面"
142　烹制胡萝卜"意面"
143　烹制玉米糊
144　准备玉米糊切条
145　煮意面
146　制作番茄酱汁
147　准备波伦亚酱汁
148　烹制辣番茄酱汁

149　制作柠檬酱汁
150　准备奶酪酱汁
151　准备白汁意面
152　意面搭配酱汁
153　熬牛肉高汤
154　熬小牛肉高汤
155　制作牛肉意面汤
156　制作高汤水波蛋
157　熬蔬菜高汤
158　做鱼汤
159　炖鸡肉高汤

160　制作菠菜鸡肉意面汤
161　烹制帕玛森奶酪汤
162　准备奶油南瓜汤
163　制作韭葱土豆汤
164　制作奶油西兰花汤
165　制作姜味胡萝卜汤
166　烹制辣椒红色小扁豆汤
167　烹制熏鱼番茄汤
168　制作青酱蔬菜汤
169　制作法式洋葱汤
170　料理托斯卡纳面包蔬菜汤

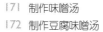

171 制作味噌汤
172 制作豆腐味噌汤
173 制作比目鱼味噌汤
174 制作米粉味噌汤
175 烹制法式杂烩
176 烹制意式杂烩
177 煮米饭
178 烹制藏红花肉饭
179 米饭配鸡肉豌豆汤
180 制作寿司米饭
181 制作意式烩饭
182 制作米兰烩饭
183 制作香槟意式烩饭
184 制作红酒意式烩饭
185 制作芦笋意式烩饭
186 煮土豆
187 煮咸味黄油土豆
188 煮咸味土豆

189 制作土豆沙拉
190 制作蛋黄酱土豆沙拉
191 制作土豆泥
192 制作韭葱土豆泥
193 用块根芹烹制土豆泥
194 加橄榄的土豆泥
195 准备荷兰酱
196 烹制贝尔内酱
197 制作贝夏梅尔白汁
198 制作奶酪贝夏梅尔白汁
199 煮中东小米饭
200 中东小米饭配蔬菜
201 中东小米饭配羊肉
202 中东小米饭配鸡肉串
203 炖咖喱小扁豆
204 制作泰式绿咖喱鸡肉
205 制作泰式红咖喱虾
206 烹制印度鹰嘴豆咖喱

207 煮芦笋
208 制作奶油菠菜
209 嫩炒四季豆
210 制作鼠尾草白芸豆
211 制作蒜香西兰花
212 焗菜花配奶酪贝夏梅尔酱
213 水煮三文鱼
214 煮芝麻甜豆
215 做热狗
216 准备水果酱
217 制作巧克力酱
218 准备云呢拿酱
219 制作焦糖酱
220 制作巧克力布丁
221 准备云呢拿布丁
222 制作意式奶冻
223 米布丁
224 红色水果冻

烤 roast

225 烤鸡
226 烤填馅鸡胸
227 烤鸡翅
228 烤火鸡
229 烤牛肉
230 烤招牌牛腰肉
231 烤羊排
232 锡纸包小牛肉
233 烤猪排
234 韭葱番茄烤鳕鱼
235 烤蔬菜盅

236 肉馅蔬菜盅
237 米饭蔬菜盅
238 意式烤面包配番茄
239 制作甜薯条
240 用烤箱烹制抱子甘蓝
241 意式烘蛋
242 烤番茄
243 烤蔬菜
244 烤箱烤南瓜
245 烤箱烤菜花
246 制作酸甜洋葱

炖 stew

247 塔吉锅炖鸡
248 塔吉锅炖羊肉
249 塔吉锅炖小牛肉
250 红烧牛肉
251 勃艮第炖牛肉
252 芜菁炖牛肉
253 制作墨西哥辣肉酱
254 红烧羊肩

255 红烧羊肩配地中海蔬菜
256 红烧羊排配柑橘
257 红烧小牛肉
258 法式卡酥莱什锦砂锅
259 意大利炖牛膝
260 啤酒炖羊肉
261 法式红酒炖鸡
262 烹制猪肉卷心菜卷

263 牛肝菌烧鸡腿肉
264 橄榄油烹雏鸡
265 日式照烧三文鱼
266 普罗旺斯杂烩
267 什锦蔬菜杂烩

炒和煎炸 fry and deep-fry

268 煎蛋
269 摊蛋饼
270 摊火腿蛋饼
271 摊奶酪蛋饼
272 摊香草蛋饼
273 炒蛋
274 煎火腿蛋
275 煎法式吐司
276 煎甜味法式吐司
277 泰式炒河粉
278 素食炒河粉
279 制作西班牙海鲜饭
280 印尼炒饭
281 蔬菜炒饭

282 鸡肉蔬菜炒饭
283 煎土豆片
284 制作三文鱼土豆饼
285 炸薯条
286 法式薯丝
287 炸甜薯条
288 炸土豆片
289 炸蔬菜脆片
290 炸玉米片
291 煎牛臀肉
292 煎索尔斯伯里肉饼
293 做肉丸
294 做美式肉丸
295 做德式肉丸
296 做瑞典肉丸
297 做土耳其肉丸
298 做意大利肉丸
299 做西班牙肉丸
300 煎饺
301 维也纳煎肉排
302 经典炸鸡
303 意式煎小牛肉卷
304 卷法式荞麦饼、松饼和可丽饼的技巧

305 摊荞麦饼
306 摊咸味松饼
307 摊香草荞麦饼
308 制作菠菜馅料
309 做肉馅
310 炸蔬菜天妇罗
311 炸大虾天妇罗
312 春菜炒豆腐
313 炒什蔬
314 炸洋蓟
315 姜味煎豆腐
316 蒜香大虾
317 小蟹肉蛋糕
318 炒鱿鱼
319 煎比目鱼柳配柠檬水瓜柳酱
320 意式炸什锦海鲜
321 炸苹果圈
322 甜甜圈
323 甜甜圈配酪乳
324 摊可丽饼
325 摊巧克力可丽饼

烧烤　grill

326　啤酒罐烤鸡
327　烤羊肉串
328　烤多汁肋排
329　烤香肠
330　烤铁板牛扒
331　烤金枪鱼排
332　迷迭香烤猪排
333　烤腌渍羊排
334　美味扒肉饼
335　各种汉堡组合

336　雪松木板烤三文鱼
337　锡纸烤奶酪
338　锡纸烤鳟鱼
339　烤大虾串
340　意式烧烤头盘
341　香葱欧芹烤韭葱
342　烤玉米
343　烤土豆
344　锡纸烤蔬菜
345　烤水果串

烘焙　bake

346　锡纸烤土豆
347　烤土豆配蘸酱
348　烤土豆配炒蛋
349　烤土豆配大虾
350　烤土豆配芝士酱
351　奶酪焗土豆
352　奶酪焗土豆配韭葱
353　千层面
354　穆萨卡
355　烤茄子配帕玛森奶酪
356　烤比萨
357　烤拿波里比萨
358　烤番茄水牛奶酪比萨
359　烤红衣主教比萨
360　烤洋葱橄榄比萨
361　烤白汁比萨

362　烤四种乳酪比萨
363　烤佛卡夏
364　烤面包
365　烤玉米面包
366　烤甜玉米面包
367　烤洛林乳蛋饼
368　烤菠菜乳蛋饼
369　烤韭葱乳蛋饼
370　烤蔬菜挞
371　焗蔬菜意面
372　烤奶酪松饼卷
373　烤牧羊人派
374　烤胡萝卜蛋糕
375　制作海绵蛋糕卷
376　烤大理石蛋糕
377　烤杏子蛋糕
378　烤李子蛋糕
379　烤樱桃蛋糕
380　烤奶酪蛋糕
381　烤柠檬挞

382　烤无淀粉的巧克力蛋糕
383　烤布朗尼
384　烤麦芬
385　烤蓝莓麦芬
386　烤巧克力麦芬
387　烤巧克力豆麦芬
388　烤夏南瓜麦芬
389　烤纸杯蛋糕
390　烤巧克力纸杯蛋糕
391　烤司康
392　制作巧克力泡芙
393　烤姜饼
394　烤姜饼曲奇
395　烤蛋白
396　覆盆子烤蛋白
397　烤肉桂卷
398　烤苹果奶酥派
399　烤梨子奶酥派
400　烤混合水果派

预制保存　preserve

401	冰镇腌黄瓜	415	制作杏酱
402	腌制香菇	416	制作覆盆子酱
403	腌制番茄	417	制作混合浆果酱
404	制作烧烤酱	418	制作黑莓啫喱
405	制作番茄沙司	419	制作红醋栗啫喱
406	制作英格兰泡菜	420	制作葡萄啫喱
407	制作印度口味水果酸辣酱	421	制作柠檬啫喱
408	制作印度杏子酸辣酱	422	烹制橙子酱
409	制作印度桃子酸辣酱	423	保存苹果泥
410	制作印度李子酸辣酱	424	制作糖渍苹果
411	制作印度杧果酸辣酱	425	制作糖渍梨
412	制作盐渍柠檬	426	制作糖渍樱桃
413	制作柠檬冻	427	制作糖渍李子
414	制作草莓果酱		

酒水　drink

428	香槟和配菜	435	去除酒瓶中的橡木塞残渣	452	调制尼克罗尼
429	灰皮诺和配菜	436	如何品酒	453	享用一杯长岛冰茶
430	霞多丽和配菜	437	啤酒大世界	454	调制蓝色火焰
431	黑皮诺和配菜	438	给酒杯上糖花或盐花	455	找一款解宿醉的配方
432	梅乐和配菜	439	制作一杯经典马提尼	456	煮一壶养生茶
433	赤霞珠和配菜	440	制作一些花式马提尼	457	煮一壶女王级的好茶
434	开红酒	441	享用一杯自由古巴	458	用沙莫瓦煮一壶俄罗斯茶
		442	呈现一杯完美的椰林飘香	459	调制泰式冰茶
		443	调制草莓玛格丽塔	460	摇一杯希腊沙冰
		444	制作曼哈顿	461	制作一杯新奥尔良冰咖啡
		445	制作莫吉多	462	打一杯土耳其咖啡
		446	享用一杯卡普丽娜	463	制作一杯完美的意式浓咖啡
		447	调制白俄罗斯	464	制作拉花拿铁
		448	调制经典龙舌兰日出	465	享用一杯爱尔兰咖啡
		449	调制汤姆·柯林斯	466	混合一杯水果昔
		450	调制一杯科德角	467	混合一杯蔬菜果昔
		451	享用一杯跨斗儿	468	果味冰激凌漂浮苏打

《我的时尚厨房》中的配方都是通过图表来展示的。所有的配方都有一个编号，以便你能轻松地找到它。如果你要寻找一道特定的配方或关键词，可以翻至本书最后，按字母顺序排列的索引可以帮到你。

原料清单
这里标示了这道配方需要的食材分量以及应该如何准备（比如：1个洋葱，切碎）。原料清单同时也是你的采购清单，默认的菜量是4人份。虚线标明了操作过程。

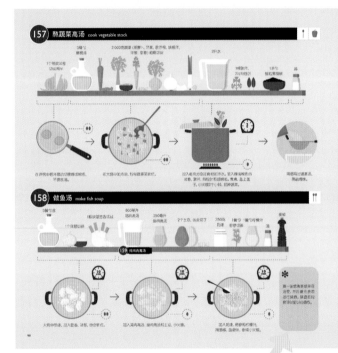

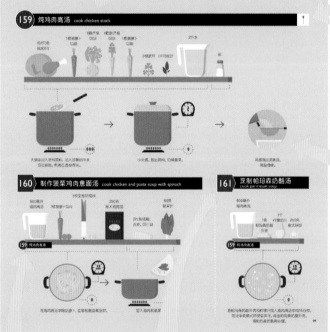

小贴士
你能在标注了"*"的地方找到小贴士、小窍门，以及一些额外信息。

交叉参考
有时候一道配方会指向另一个配方。根据交叉参考可以找到一些技巧、其他的配方或配菜。在圆圈里是你可以参考的配方编号。

159 炖鸡肉高汤

变种配方
一些配方可以进行调整和修改——这种配方都有带数字的箭头。只在素食食谱中有这个图标。

161

图标

木勺的数量标志操作的难易程度：

 容易

 中级

 麻烦

 素食

 30分钟内可以搞定的快手料理

 密封罐——250毫升

放大镜

为我们近距离展示那些关键细节。

图标

很多图标都点明了配方的重要之处，包括烹饪时间、热度或温度。下面这些图标会贯穿本书：

 ----- 时钟表示烹饪、冷却或搁置时间。

 ----- 小火　　多烫？小火、中火还是高火？

 ----- 中火　　适用于电炉、煤气或电磁炉。

 ----- 大火

 木勺表示菜肴在烹饪过程中需不断搅拌。

 ----- 温度计表示烤箱或煎炸油的温度。如果你使用对流加温烤箱，那请从标注温度中再减去20摄氏度。

 ----- 在冰箱或冷藏室里降温。

 表示烹饪中肉中间的温度。一定要把温度计伸到肉最厚的那部分中间（并不是距离骨头最近的位置）。请注意：绝对不要用温度计接触烹饪器皿的底部。采购一支烹饪温度计还是很划算的！

有用小贴士

- 开始动手之前仔细阅读配方。

- 在开始动手之前准备好所需的全部厨房用具（包括烤箱手套和一块擦碗布）。

- 准备好配方中的原料。做好充分准备，烹饪过程会容易很多！

- 配方中提供的温度是大概的估值，由于烤箱功率不同，你可能需要根据自己的实际情况对温度进行调整。同样的道理也适用于烹饪时间——我们提供的是估算时间。

- 如果需要使用柑橘类的果皮，一定要选用未经处理的有机产品，并在使用前清洗干净。

- 从冰箱中取出的原料要放置到室温后再使用，特别适用于肉类和蛋类。

- 一定不要把打发的蛋白一次性加入，而是每次放一小部分。

- 处理热汤的时候要格外小心！

- 如果原料需要抽打搅拌很久，你可以用手持的电动混合器或带固定料理盆的搅拌器，而不要用手动打蛋器那

么辛苦。除了手持搅拌器，你也可以用电动搅拌器。

- 使用隔水炖锅要注意温度，当温度过高时一些混合物会结块。

- 冷压油也称初榨油，不应在过高温度下使用，适用于沙拉或冷餐。精炼油可以用于高温料理，适用于烘焙或煎炸。

- 如果酱汁里有结块，可以过一下筛。

- 如果你觉得一道菜里应该添加高汤或水，千万别犹豫。

- 测试一块蛋糕是否烤好，可以用一根筷子插到中间之后拔出来。如果筷子是干的，就说明已经烤好了。

- 配方是可以变化的。你完全可以根据味道和可行性以及个人喜好来调整食材。

需要

need

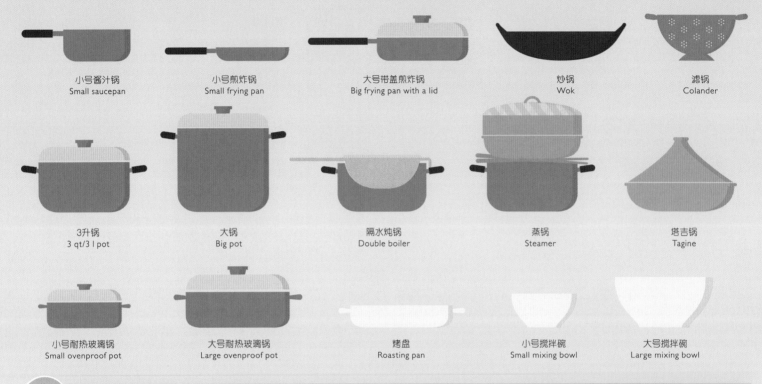

小号酱汁锅
Small saucepan

小号煎炸锅
Small frying pan

大号带盖煎炸锅
Big frying pan with a lid

炒锅
Wok

滤锅
Colander

3升锅
3 qt/3 l pot

大锅
Big pot

隔水炖锅
Double boiler

蒸锅
Steamer

塔吉锅
Tagine

小号耐热玻璃锅
Small ovenproof pot

大号耐热玻璃锅
Large ovenproof pot

烤盘
Roasting pan

小号搅拌碗
Small mixing bowl

大号搅拌碗
Large mixing bowl

烤盘/烤板
Baking sheet

脱底模
Springform pan

派盘
Tart or quiche pan

麦芬烤模
Muffin pan

长面包盘
Loaf pan

烤盘
Baking dish

布丁模子
Pudding mould

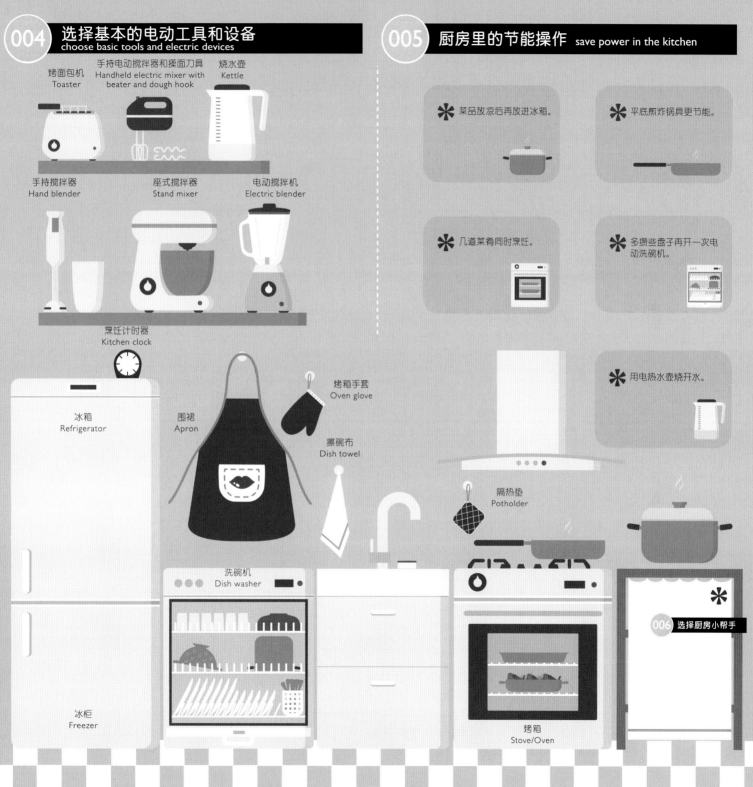

烤面包机
Toaster

手持电动搅拌器和揉面刀具
Handheld electric mixer with beater and dough hook

烧水壶
Kettle

手持搅拌器
Hand blender

座式搅拌器
Stand mixer

电动搅拌机
Electric blender

烹饪计时器
Kitchen clock

冰箱
Refrigerator

围裙
Apron

烤箱手套
Oven glove

擦碗布
Dish towel

隔热垫
Potholder

冰柜
Freezer

洗碗机
Dish washer

烤箱
Stove/Oven

✳ 菜品放凉后再放进冰箱。

✳ 平底煎炸锅具更节能。

✳ 几道菜肴同时烹饪。

✳ 多攒些盘子再开一次电动洗碗机。

✳ 用电热水壶烧开水。

✳ 006 选择厨房小帮手

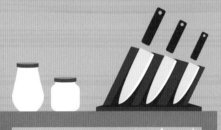

密封盒
Storage containers

厨房用纸
Paper towels

锡纸
Aluminum foil

塑料袋
Plastic bags

保鲜膜
Plastic wrap

烘焙纸
Parchment paper

冰格
Ice cube tray

可密封的冷冻袋
Freezer bags (sealable)

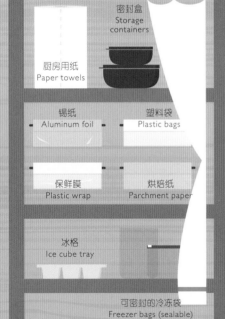

菜铲
Spatula

打蛋器
whisk

长柄勺
Ladle

漏勺
Skimmer

滤茶器
Tea strainer

网筛
Fine-mesh sieve

厨房用秤
Kitchen scale

量杯
Measuring cup

木勺
Wooden spoon

嫩肉锤
Meat tenderizer

案板
Cutting board

擀面杖
Rolling pin

开罐器
Can opener

刷子
Brush

抹刀
Dough scraper

裱花袋
Pastry bag

削皮器
Vegetable peeler

滚轮切刀
Pastry cutter

厨房剪刀
Kitchen scissors

胡桃钳
Nutcracker

滤斗
Funnel

粉筛
Flour sifter

薯泥器
Potato ricer

擦菜器
Grater

启瓶器
Corkscrew

温度计
Cooking thermomete

臼杵
Mortar and pestle

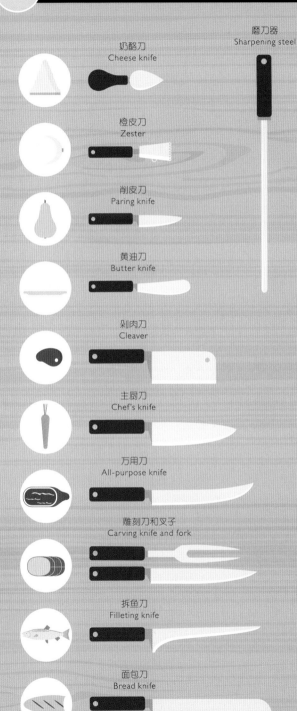

奶酪刀
Cheese knife

橙皮刀
Zester

削皮刀
Paring knife

黄油刀
Butter knife

剁肉刀
Cleaver

主厨刀
Chef's knife

万用刀
All-purpose knife

雕刻刀和叉子
Carving knife and fork

拆鱼刀
Filleting knife

面包刀
Bread knife

磨刀器
Sharpening steel

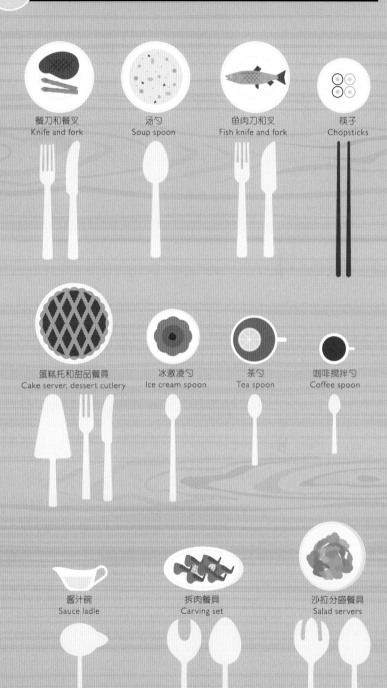

餐刀和餐叉
Knife and fork

汤勺
Soup spoon

鱼肉刀和叉
Fish knife and fork

筷子
Chopsticks

蛋糕托和甜品餐具
Cake server, dessert cutlery

冰激凌勺
Ice cream spoon

茶勺
Tea spoon

咖啡搅拌勺
Coffee spoon

酱汁碗
Sauce ladle

拆肉餐具
Carving set

沙拉分盛餐具
Salad servers

为婴幼儿选择餐具 choose basic equipments for babies and toddlers

婴儿奶瓶
Baby bottle

4个额外的奶嘴
4 extra teats

婴儿食物加温器
Bottle warmer for baby food

婴儿用勺
Baby spoon

果泥擦
Grater for fruit

围嘴
Bib

儿童碟
Children's plate

儿童餐具
Children's cutlery

使用正确的玻璃杯 use the right glass

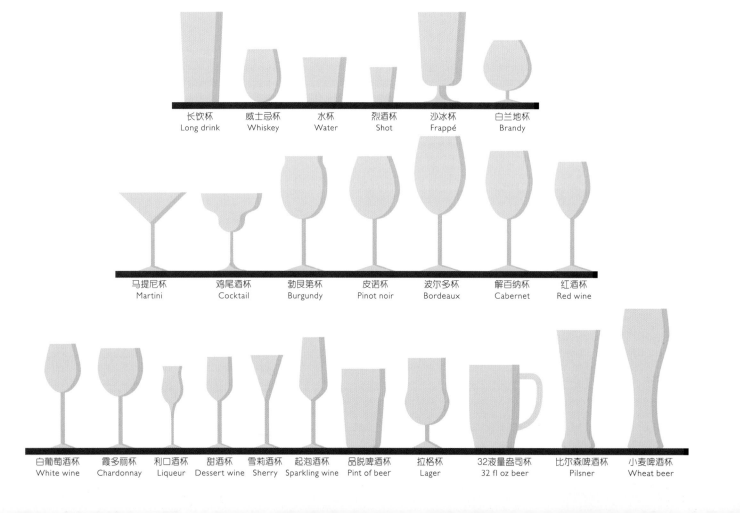

长饮杯
Long drink

威士忌杯
Whiskey

水杯
Water

烈酒杯
Shot

沙冰杯
Frappé

白兰地杯
Brandy

马提尼杯
Martini

鸡尾酒杯
Cocktail

勃艮第杯
Burgundy

皮诺杯
Pinot noir

波尔多杯
Bordeaux

解百纳杯
Cabernet

红酒杯
Red wine

白葡萄酒杯
White wine

霞多丽杯
Chardonnay

利口酒杯
Liqueur

甜酒杯
Dessert wine

雪莉酒杯
Sherry

起泡酒杯
Sparkling wine

品脱啤酒杯
Pint of beer

拉格杯
Lager

32液量盎司杯
32 fl oz beer

比尔森啤酒杯
Pilsner

小麦啤酒杯
Wheat beer

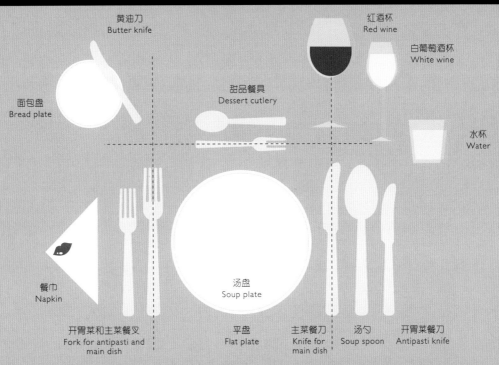

黄油刀
Butter knife

红酒杯
Red wine

白葡萄酒杯
White wine

甜品餐具
Dessert cutlery

面包盘
Bread plate

水杯
Water

餐巾
Napkin

汤盘
Soup plate

开胃菜和主菜餐叉
Fork for antipasti and main dish

平盘
Flat plate

主菜餐刀
Knife for main dish

汤勺
Soup spoon

开胃菜餐刀
Antipasti knife

013 为餐桌选择标配的瓷器 choose basic crockery for the table

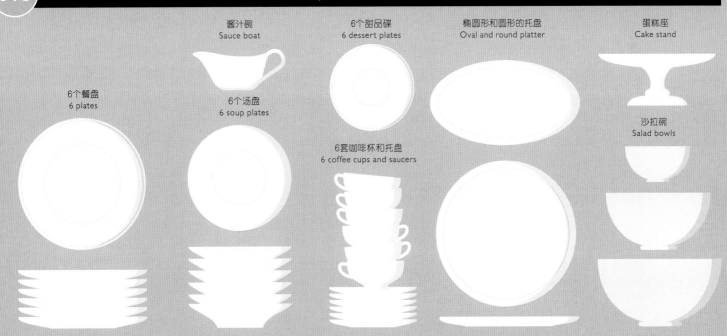

酱汁碗
Sauce boat

6个甜品碟
6 dessert plates

椭圆形和圆形的托盘
Oval and round platter

蛋糕座
Cake stand

6个餐盘
6 plates

6个汤盘
6 soup plates

沙拉碗
Salad bowls

6套咖啡杯和托盘
6 coffee cups and saucers

了解

know

冬季

春季

夏季

秋季

8° C

5° C

2° C

10° C

-18° C

10° C

8° C

10° C

卡路里含量是?

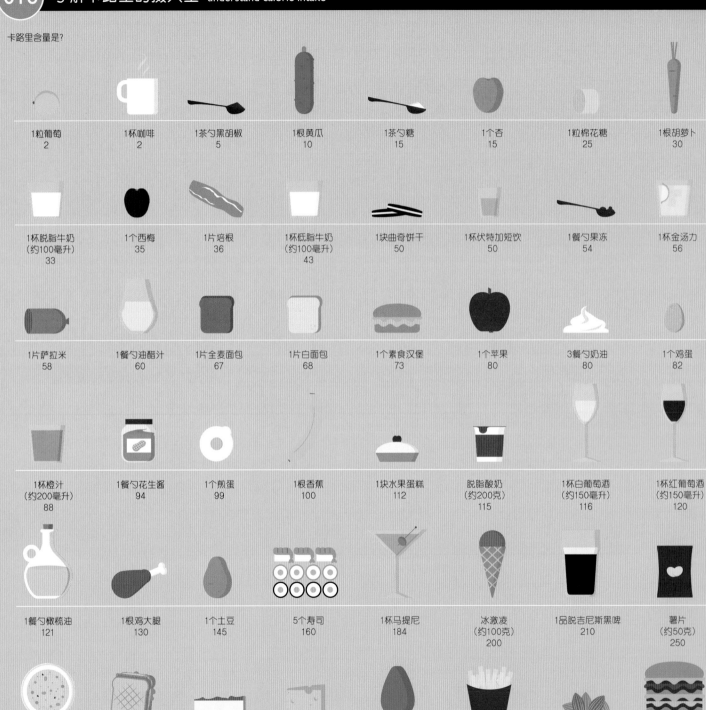

1粒葡萄 2	1杯咖啡 2	1茶勺黑胡椒 5	1根黄瓜 10	1茶勺糖 15	1个杏 15	1粒棉花糖 25	1根胡萝卜 30
1杯脱脂牛奶 （约100毫升） 33	1个西梅 35	1片培根 36	1杯低脂牛奶 （约100毫升） 43	1块曲奇饼干 50	1杯伏特加短饮 50	1餐勺果冻 54	1杯金汤力 56
1片萨拉米 58	1餐勺油醋汁 60	1片全麦面包 67	1片白面包 68	1个素食汉堡 73	1个苹果 80	3餐勺奶油 80	1个鸡蛋 82
1杯橙汁 （约200毫升） 88	1餐勺花生酱 94	1个煎蛋 99	1根香蕉 100	1块水果蛋糕 112	脱脂酸奶 （约200克） 115	1杯白葡萄酒 （约150毫升） 116	1杯红葡萄酒 （约150毫升） 120
1餐勺橄榄油 121	1根鸡大腿 130	1个土豆 145	5个寿司 160	1杯马提尼 184	冰激凌 （约100克） 200	1品脱吉尼斯黑啤 210	薯片 （约50克） 250
意大利红汤 （约250毫升） 260	1个三明治 270	1块奶酪蛋糕 321	瑞士大孔奶酪 （约100克） 360	1个牛油果 380	大份薯条 400	杏仁 （约100克） 545	1个大汉堡 560

30分钟可以消耗?

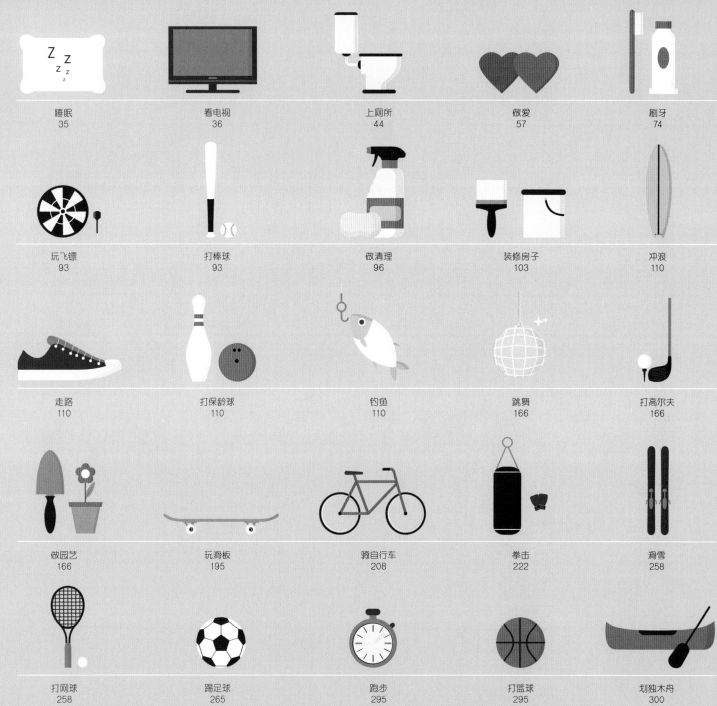

睡眠	看电视	上厕所	做爱	刷牙
35	36	44	57	74

玩飞镖	打棒球	做清理	装修房子	冲浪
93	93	96	103	110

走路	打保龄球	钓鱼	跳舞	打高尔夫
110	110	110	166	166

做园艺	玩滑板	骑自行车	拳击	滑雪
166	195	208	222	258

打网球	踢足球	跑步	打篮球	划独木舟
258	265	295	295	300

下面列出了一些国家的一个成年人在一年中摄取的食物量，计量单位以公斤计算。数据来源：联合国粮食及农业组织（FAO）、《中国统计年鉴2014》。

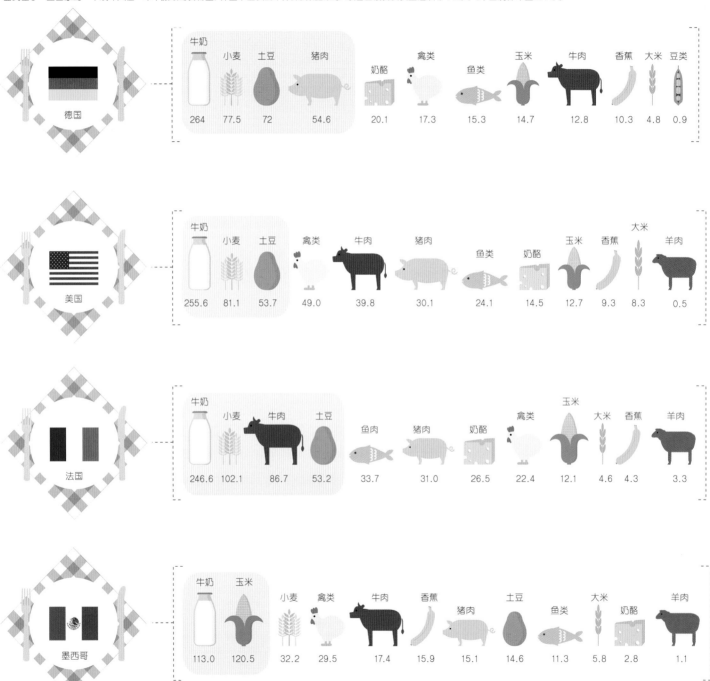

德国

牛奶	小麦	土豆	猪肉	奶酪	禽类	鱼类	玉米	牛肉	香蕉	大米	豆类
264	77.5	72	54.6	20.1	17.3	15.3	14.7	12.8	10.3	4.8	0.9

美国

牛奶	小麦	土豆	禽类	牛肉	猪肉	鱼类	奶酪	玉米	香蕉	大米	羊肉
255.6	81.1	53.7	49.0	39.8	30.1	24.1	14.5	12.7	9.3	8.3	0.5

法国

牛奶	小麦	牛肉	土豆	鱼肉	猪肉	奶酪	禽类	玉米	大米	香蕉	羊肉
246.6	102.1	86.7	53.2	33.7	31.0	26.5	22.4	12.1	4.6	4.3	3.3

墨西哥

牛奶	玉米	小麦	禽类	牛肉	香蕉	猪肉	土豆	鱼类	大米	奶酪	羊肉
113.0	120.5	32.2	29.5	17.4	15.9	15.1	14.6	11.3	5.8	2.8	1.1

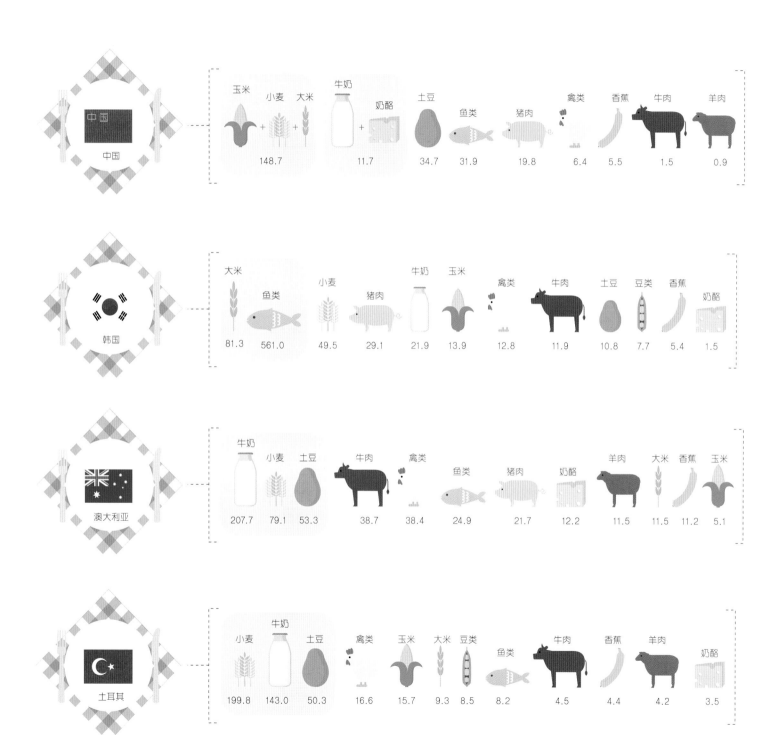

中国
中国

	玉米	小麦	大米	牛奶	奶酪	土豆	鱼类	猪肉	禽类	香蕉	牛肉	羊肉
	148.7			11.7		34.7	31.9	19.8	6.4	5.5	1.5	0.9

韩国

大米	鱼类	小麦	猪肉	牛奶	玉米	禽类	牛肉	土豆	豆类	香蕉	奶酪
81.3	561.0	49.5	29.1	21.9	13.9	12.8	11.9	10.8	7.7	5.4	1.5

澳大利亚

牛奶	小麦	土豆	牛肉	禽类	鱼类	猪肉	奶酪	羊肉	大米	香蕉	玉米
207.7	79.1	53.3	38.7	38.4	24.9	21.7	12.2	11.5	11.5	11.2	5.1

土耳其

小麦	牛奶	土豆	禽类	玉米	大米	豆类	鱼类	牛肉	香蕉	羊肉	奶酪
199.8	143.0	50.3	16.6	15.7	9.3	8.5	8.2	4.5	4.4	4.2	3.5

推荐饮食中
每日维生素的摄取量

A

无指定摄取量

300~600 μg

700~900 μg

B₁

0.2~0.3 mg

0.5~0.9 mg

1.2 mg

B₂

0.3~0.4 mg

0.5~0.6 mg

0.9~1.3 mg

B₁₂

0.4~0.5 μg

0.9~1.8 μg

2.4 μg

C

40~50 mg

15~45 mg

65~90 mg

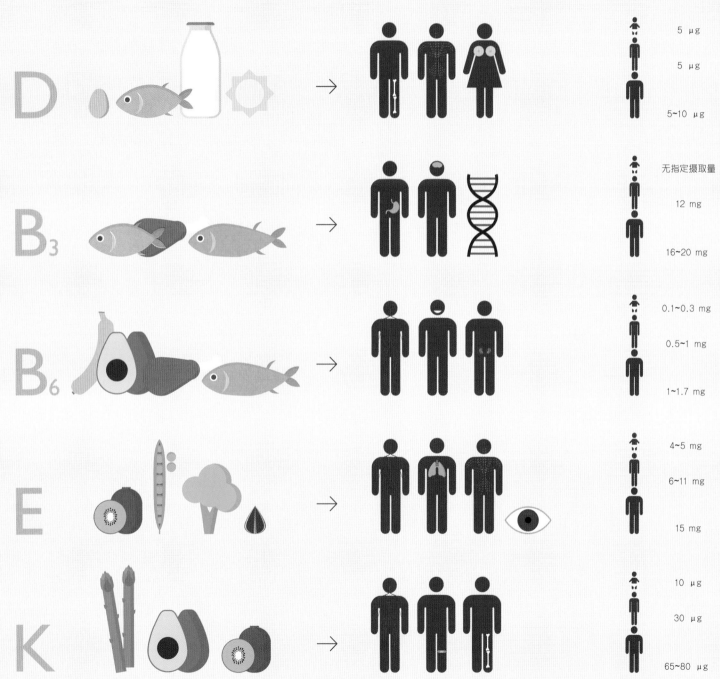

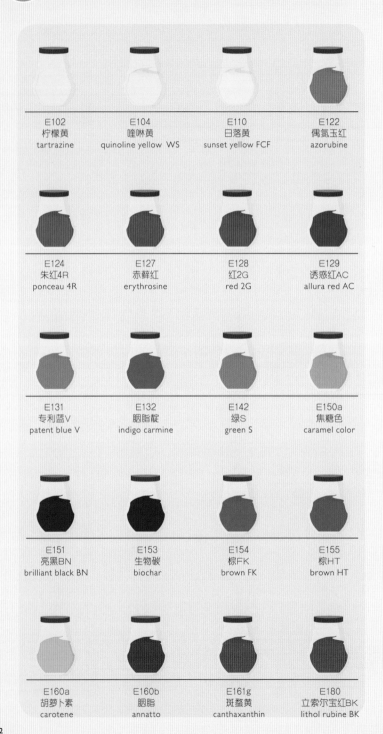

E102 柠檬黄 tartrazine	E104 喹啉黄 quinoline yellow WS	E110 日落黄 sunset yellow FCF	E122 偶氮玉红 azorubine
E124 朱红4R ponceau 4R	E127 赤藓红 erythrosine	E128 红2G red 2G	E129 诱惑红AC allura red AC
E131 专利蓝V patent blue V	E132 胭脂靛 indigo carmine	E142 绿S green S	E150a 焦糖色 caramel color
E151 亮黑BN brilliant black BN	E153 生物碳 biochar	E154 棕FK brown FK	E155 棕HT brown HT
E160a 胡萝卜素 carotene	E160b 胭脂 annatto	E161g 斑蝥黄 canthaxanthin	E180 立索尔宝红BK lithol rubine BK

酱油 Soy sauce
蜂蜜 Honey
豆类 Bean
土豆 Potato
百里香 Thyme
鸭肉 Duck
胡萝卜 Carrot
蘑菇 Mushroom
洋葱 Onion

迷迭香 Rosemary
土豆 Potato
芹菜 Celery
鹅肉 Goose
红椒粉 Ground paprika
洋葱 Onion
蘑菇 Mushroom

洋白菜 Cabbage
土豆 Potato
芥末 Mustard
柠檬 Lemon
迷迭香 Rosemary
野味 Game
大蒜 Garlic
百里香 Thyme
蘑菇 Mushroom
胡萝卜 Carrot

百里香 Thyme
罗勒 Basil
鼠尾草 Sage
红椒粉 Ground paprika
月桂叶 bay
马郁兰 Marjoram
香葱 Chive
芹菜 Celery
柠檬 Lemon
蘑菇 Mushroom
肉豆蔻 Nutmeg
小牛肉 Veal

肉豆蔻 Nutmeg
香葱 Chives
迷迭香 Rosemary
鼠尾草 Sage
欧芹 Parsley
姜 Ginger
甜胡椒 Allspice
辣椒 Chile
香脂醋 Balsamic vinegar
月桂叶 bay
百里香 Thyme
醋 Vinegar
猪肉 Pork

防风草 Parsnip
洋蓟 Artichokes
洋白菜 Cabbage
韭葱 Leek
芹菜 Celery
小萝卜 Radish
芝麻菜 Rocket
豆类 Bean
蘑菇 Mushroom
茴香 Fennel
牛肉 Beef

柠檬 Lemon
甜橙 Orange
芫荽 Coriander
韭葱 Leek
姜 Ginger
洋葱 Onion
迷迭香 Rosemary
土豆 Potato
大蒜 Garlic
蘑菇 Mushroom
禽类 Poultry

33

禽类 Poultry
猪肉 Pork
月桂叶 Bay
百里香 Thyme
芹菜 Celery
香脂醋 Balsamic vinegar
胡萝卜 Carrot
洋白菜 Cabbage
蘑菇 Mushroom
培根 Bacon
黄油 Butter

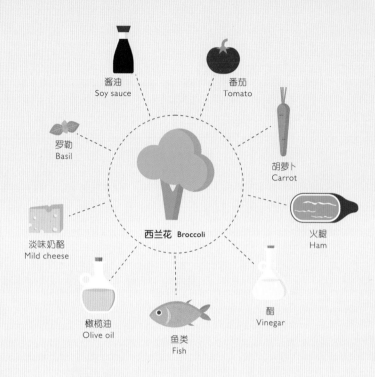

酱油 Soy sauce
番茄 Tomato
罗勒 Basil
胡萝卜 Carrot
淡味奶酪 Mild cheese
西兰花 Broccoli
火腿 Ham
橄榄油 Olive oil
鱼类 Fish
醋 Vinegar

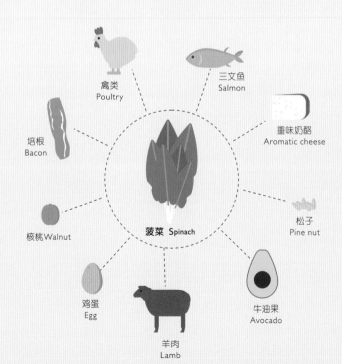

禽类 Poultry
三文鱼 Salmon
重味奶酪 Aromatic cheese
培根 Bacon
菠菜 Spinach
松子 Pine nut
核桃 Walnut
鸡蛋 Egg
羊肉 Lamb
牛油果 Avocado

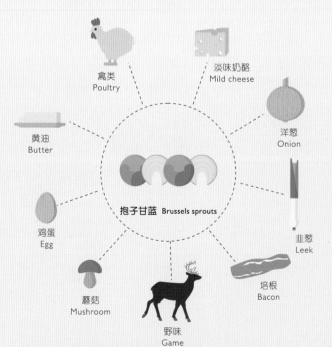

禽类 Poultry
淡味奶酪 Mild cheese
洋葱 Onion
黄油 Butter
抱子甘蓝 Brussels sprouts
韭葱 Leek
鸡蛋 Egg
蘑菇 Mushroom
培根 Bacon
野味 Game

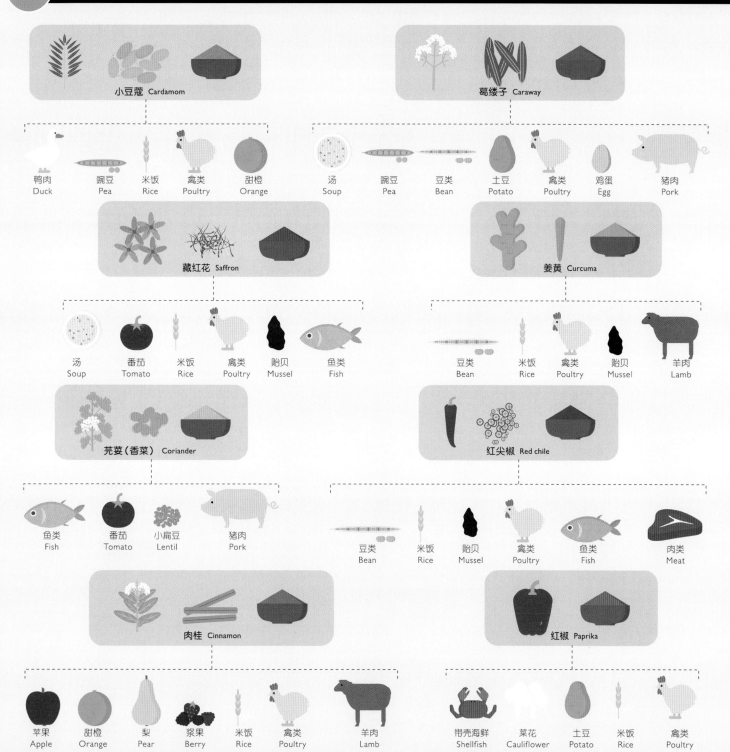

小豆蔻 Cardamom

| 鸭肉 Duck | 豌豆 Pea | 米饭 Rice | 禽类 Poultry | 甜橙 Orange |

葛缕子 Caraway

| 汤 Soup | 豌豆 Pea | 豆类 Bean | 土豆 Potato | 禽类 Poultry | 鸡蛋 Egg | 猪肉 Pork |

藏红花 Saffron

| 汤 Soup | 番茄 Tomato | 米饭 Rice | 禽类 Poultry | 贻贝 Mussel | 鱼类 Fish |

姜黄 Curcuma

| 豆类 Bean | 米饭 Rice | 禽类 Poultry | 贻贝 Mussel | 羊肉 Lamb |

芫荽（香菜） Coriander

| 鱼类 Fish | 番茄 Tomato | 小扁豆 Lentil | 猪肉 Pork |

红尖椒 Red chile

| 豆类 Bean | 米饭 Rice | 贻贝 Mussel | 禽类 Poultry | 鱼类 Fish | 肉类 Meat |

肉桂 Cinnamon

| 苹果 Apple | 甜橙 Orange | 梨 Pear | 浆果 Berry | 米饭 Rice | 禽类 Poultry | 羊肉 Lamb |

红椒 Paprika

| 带壳海鲜 Shellfish | 菜花 Cauliflower | 土豆 Potato | 米饭 Rice | 禽类 Poultry |

35

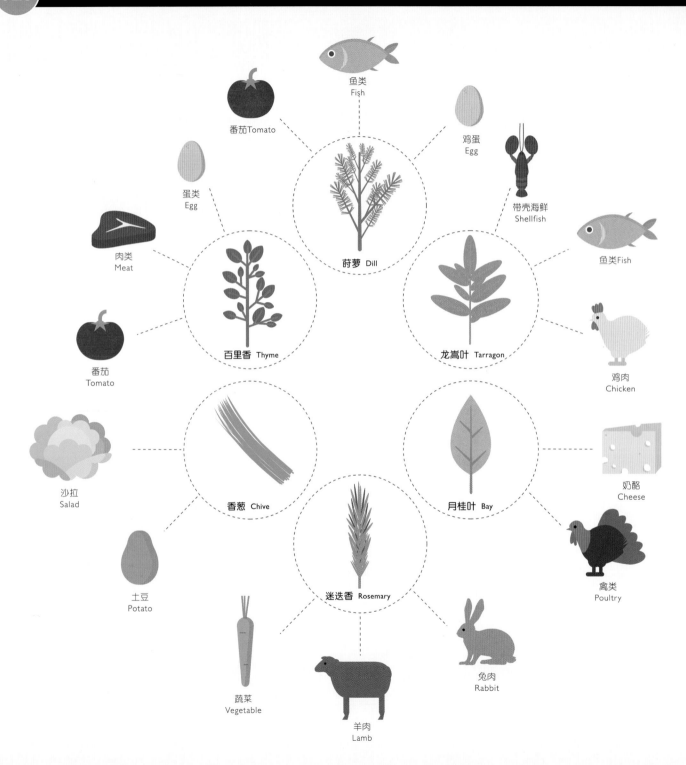

鱼类
Fish

番茄Tomato

鸡蛋
Egg

带壳海鲜
Shellfish

蛋类
Egg

鱼类Fish

肉类
Meat

蒔萝 Dill

龙蒿叶 Tarragon

百里香 Thyme

鸡肉
Chicken

番茄
Tomato

沙拉
Salad

奶酪
Cheese

香葱 Chive

月桂叶 Bay

土豆
Potato

迷迭香 Rosemary

禽类
Poultry

兔肉
Rabbit

蔬菜
Vegetable

羊肉
Lamb

辣椒的刺激程度，也就是辣度，是用史高维尔指数（Scoville Heat Units）作为计量单位的。对应的数字是指需要用多少滴水才能将一份辣椒样本稀释到完全没有辣味的程度。

045 辣椒切末

2 200 000

卡罗莱纳死神（Carolina Reaper）——世界纪录保持者（2014）

1 067 286

智利无限
（Infinity Chile）

855 000~1 050 000

印度断魂椒（Naga Jolokia）

100 000~350 000

一些哈瓦那辣椒（Habaneros）、苏格兰帽椒（Scotch bonnet）、达提尔椒（datil）、秘鲁罗克托辣椒（rocoto）、牙买加辣椒（Jamaican Hot）和非洲鹰眼椒（African Bird's Eye）

30 000~50 000

圭亚那辣椒（cayenne）、阿吉辣椒（aji）、墨西哥辣椒（tabasco）和一些墨西哥辣酱（chipotles）

2 500~8 000

墨西哥胡椒（jalapeño）、红辣椒干（guajillo）、新墨西哥阿纳海姆辣椒（New Mexican Anaheim）、红椒粉（ground paprika）

1~500

甜胡椒（allspice）、西班牙甜椒（pimiento）

2 500 000~5 300 000

防狼喷雾（pepper spray）

1 382 118

英国毒蛇椒
（Haga viper）

1 032 310

孟加拉国多塞特纳加辣椒（Dorset Naga，用于制作世界上最辣的咖喱"孟买燃烧 Bombay burner"）

350 000~580 000

红色杀手（Red Savina），哈瓦那辣椒（Habaneros）

50 000~100 000

泰国辣椒（Thai），野椒（malagueta），墨西哥特品椒（chijtepin），智利培坤椒（pequin）

10 000~23 000

整粒野山椒（serrano），一些墨西哥辣酱（chipotles）

500~2 500

阿纳海姆椒（Anaheim），墨西哥钟椒（poblano），若可蒂洛辣椒（rocotillo）

0 (no heat)

柿子椒
（bell pepper）

37

美国

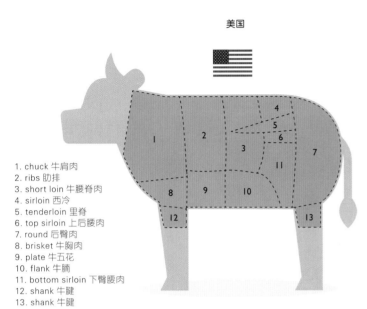

1. chuck 牛肩肉
2. ribs 肋排
3. short loin 牛腰脊肉
4. sirloin 西冷
5. tenderloin 里脊
6. top sirloin 上后腰肉
7. round 后臀肉
8. brisket 牛胸肉
9. plate 牛五花
10. flank 牛腩
11. bottom sirloin 下臀腰肉
12. shank 牛腱
13. shank 牛腱

英国

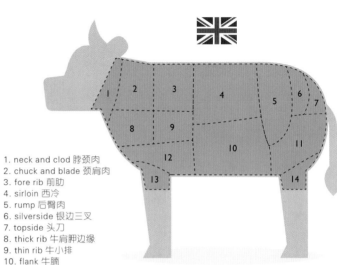

1. neck and clod 脖颈肉
2. chuck and blade 颈肩肉
3. fore rib 前肋
4. sirloin 西冷
5. rump 后臀肉
6. silverside 银边三叉
7. topside 头刀
8. thick rib 牛肩胛边缘
9. thin rib 牛小排
10. flank 牛腩
11. thick flank 粗和尚头（牛腿内侧肉）
12. brisket 牛胸肉
13. shin 牛腱
14. leg 后腿肉

法国

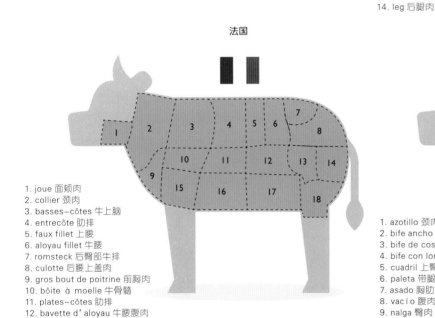

1. joue 面颊肉
2. collier 颈肉
3. basses-côtes 牛上脑
4. entrecôte 肋排
5. faux fillet 上腰
6. aloyau fillet 牛腰
7. romsteck 后臀部牛排
8. culotte 后腰上盖肉
9. gros bout de poitrine 前胸肉
10. bôite à moelle 牛骨髓
11. plates-côtes 肋排
12. bavette d'aloyau 牛腰腹肉
13. tranche grasse 膝圆
14. gîte à la noix 牛腿肉
15. gîte de devant 前腿肉
16. poitrine 胸肋肉
17. flanchet 后胸肉
18. gîte de derrière 后臀腿肉

阿根廷

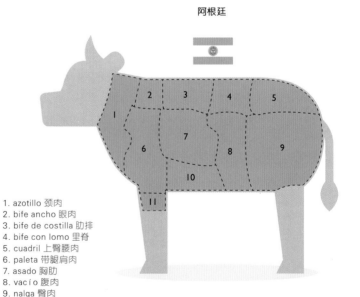

1. azotillo 颈肉
2. bife ancho 眼肉
3. bife de costilla 肋排
4. bife con lomo 里脊
5. cuadril 上臀腰肉
6. paleta 带腱肩肉
7. asado 胸肋
8. vacío 腹肉
9. nalga 臀肉
10. matambre 胸腹肉
11. osso buco 牛膝

美国

1. blade shoulder 上脑
2. loin 背脊
3. leg 后腿
4. arm shoulder 前肩
5. spare rib 腩排
6. side 腹肉
7. hock 蹄髈

中国

1. 糟头
2. 梅花肉
3. 里脊
4. 臀尖
5. 前尖
6. 肋
7. 后腿
8. 前肘
9. 奶脯
10. 五花肉

西班牙

1. tocíno 培根
2. solomillo 西冷
3. cadera 臀肉
4. aguja 梅花肉
5. costilla 肋排
6. solomillo 西冷
7. delantero 臀前肉
8. pata 猪腿
9. papada 猪垂肉
10. paletilla 前腿
11. magro 瘦肉
12. tocíno entreverado 五花肉
13. codillo 蹄髈
14. codillo 蹄髈
15. mano 猪手

德国

1. Rückenspeck 背膘
2. Nacken 猪颈肉
3. Kotelett 排骨
4. Hüfte 臀肉
5. Schulter 肩肉
6. Rippe 肋排
7. Fillet 腩
8. Bauch 猪肚
9. Nussschinken 熏火腿
10. Schinken, Oberschale 火腿

养殖 Farmed

大西洋 Atlantic

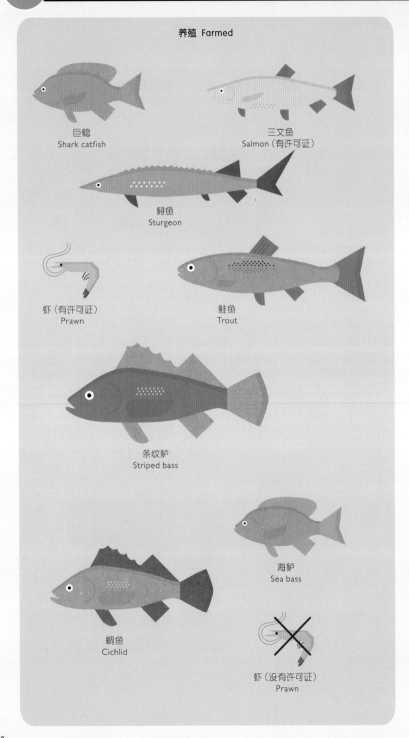

巨鲶
Shark catfish

三文鱼
Salmon（有许可证）

鲟鱼
Sturgeon

虾（有许可证）
Prawn

鲑鱼
Trout

条纹鲈
Striped bass

鲷鱼
Cichlid

海鲈
Sea bass

虾（没有许可证）
Prawn

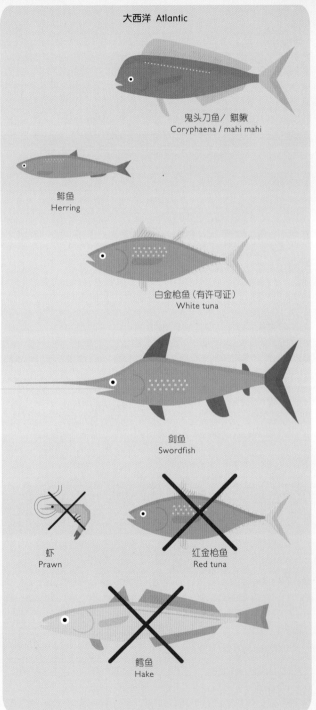

鬼头刀鱼／鲯鳅
Coryphaena / mahi mahi

鲱鱼
Herring

白金枪鱼（有许可证）
White tuna

剑鱼
Swordfish

虾
Prawn

红金枪鱼
Red tuna

鳕鱼
Hake

大西洋 Atlantic

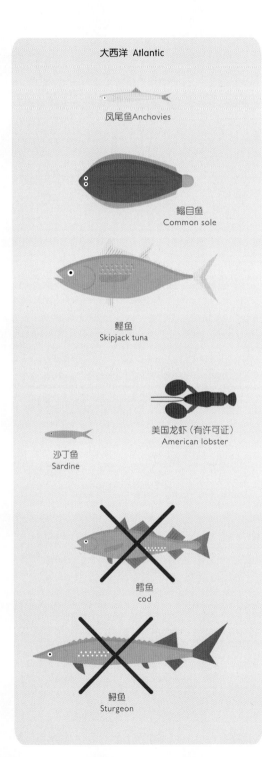

凤尾鱼 Anchovies

鳎目鱼
Common sole

鲣鱼
Skipjack tuna

美国龙虾（有许可证）
American lobster

沙丁鱼
Sardine

鳕鱼
cod

鲟鱼
Sturgeon

太平洋 Pacific

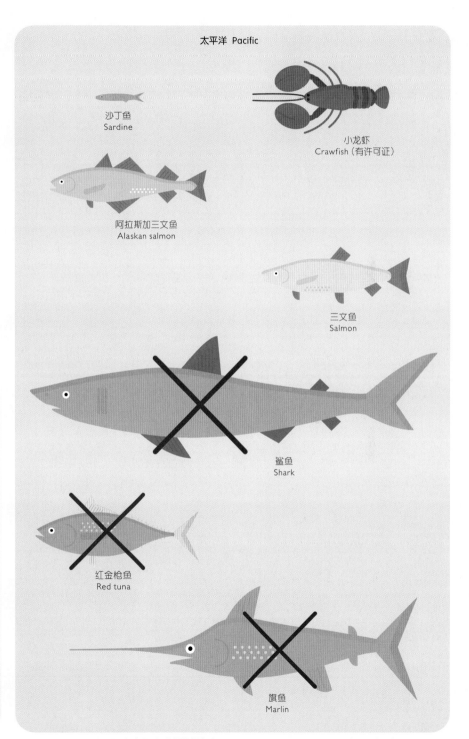

沙丁鱼
Sardine

小龙虾
Crawfish（有许可证）

阿拉斯加三文鱼
Alaskan salmon

三文鱼
Salmon

鲨鱼
Shark

红金枪鱼
Red tuna

旗鱼
Marlin

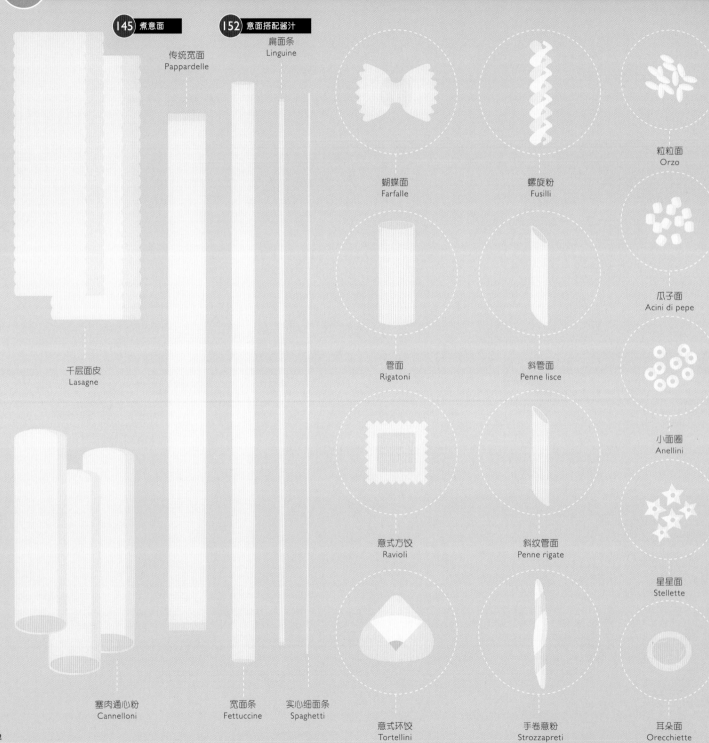

145 煮意面

152 意面搭配酱汁

扁面条
Linguine

传统宽面
Pappardelle

千层面皮
Lasagne

塞肉通心粉
Cannelloni

宽面条
Fettuccine

实心细面条
Spaghetti

蝴蝶面
Farfalle

螺旋粉
Fusilli

粒粒面
Orzo

管面
Rigatoni

斜管面
Penne lisce

瓜子面
Acini di pepe

意式方饺
Ravioli

斜纹管面
Penne rigate

小面圈
Anellini

意式环饺
Tortellini

手卷意粉
Strozzapreti

星星面
Stellette

耳朵面
Orecchiette

464 制作拉花拿铁

奶泡
milk froth

浓缩咖啡
espresso

拿铁玛奇朵
Latte macchiato

奶泡
milk froth

浓缩咖啡
espresso

牛奶咖啡（欧蕾咖啡）
Café au lait

奶泡
milk froth

打发奶油
whipped cream

巧克力糖浆
chocolate syrup

浓缩咖啡
espresso

摩卡
Café mocha

热水
hot water

浓缩咖啡
espresso

美式咖啡
Americano

牛奶
milk

打发奶油
whipped cream

浓缩咖啡
espresso

布雷瓦咖啡
Café breva

奶泡
milk froth

浓缩咖啡
espresso

卡布奇诺
Cappuccino

463 制作一杯完美的意式浓咖啡

打发奶油
whipped cream

浓缩咖啡
espresso

康宝蓝
Espresso con panna

奶泡
milk froth

浓缩咖啡
espresso

玛奇朵
Espresso macchiato

浓缩咖啡
espresso

浓缩咖啡
Espresso

白兰地
brandy

浓缩咖啡
espresso

克列特
Corretto

1个冰激凌球
1 scoop of
ice cream

浓缩咖啡
espresso

阿芙佳朵
Affogato

1杯咖啡
（约240毫升）
含有约135毫克咖啡因

红茶
（约240毫升）
含有约70毫克咖啡因

能量补充饮料
（约240毫升）
含有约70毫克咖啡因

浓缩咖啡
（约30毫升）
含有约45毫克咖啡因

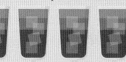

绿茶（约240毫升）含有约35毫克咖啡因

冰茶（约240毫升）含有约15毫克咖啡因

热巧克力（约240毫升）含有约8毫克咖啡因

031 使用筷子的方法 use chopsticks

092 制作寿司卷

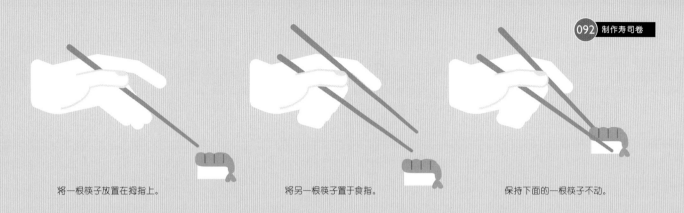

将一根筷子放置在拇指上。　　将另一根筷子置于食指。　　保持下面的一根筷子不动。

032 铁锅除锈 derust a cast~iron pan

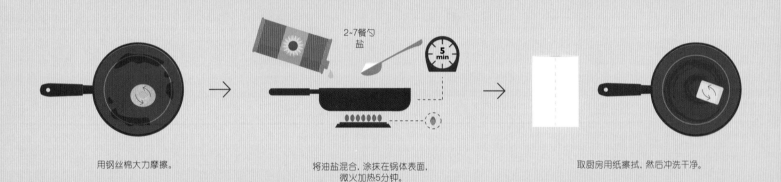

2-7餐勺
盐

5 min

用钢丝棉大力摩擦。　　将油盐混合，涂抹在锅体表面，微火加热5分钟。　　取厨房用纸擦拭，然后冲洗干净。

033 制作一支不粘手的擀面杖 make a nonstick rolling pin

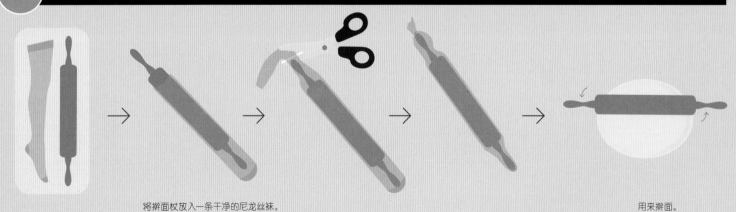

将擀面杖放入一条干净的尼龙丝袜。　　用来擀面。

034 如何让孩子吃蔬菜 convince a child to eat their veggies

一起挑选蔬菜。

一起准备餐食。

给孩子做吃蔬菜的示范，
用蔬菜做个有趣的造型。

035 隔水炖锅的使用 use a double boiler

036 蒸锅的使用 use a steam cooker

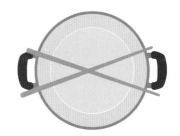

法国
"À votre santé"

英国
"Cheers"

意大利
"Salute"

德国
"Prost"

拉脱维亚
"Prieka"

丹麦
"Skål"

中国
"Gan bei"

葡萄牙
"Viva"

西班牙
"Salud"

希腊
"Gia mas"

日本
"Kampai"

坦桑尼亚（斯瓦希里语）
"Afya"

捷克
"Na zdraví"

芬兰
"Kippis"

瑞典
"Skål"

俄罗斯
"Pryatnova appetita"

意大利
"Buon appetito"

荷兰
"Eet smakelijk"

挪威
"Velbekomme"

英国
"Enjoy"

土耳其
"Afiyet olsun"

西班牙
"Buen provecho"

中国
"Mànman chī"

波兰
"Smacznego"

芬兰
"Hyvää ruokahalua"

葡萄牙
"Bom apetite"

日本
"Itadakimasu"

法国
"Bon appétit"

丹麦
"Velbekomme"

瑞典
"Smaklig maltid"

准备

prepare

039 切洋葱 dice an onion

洋葱从上往下一切两半。
去皮。

扔掉顶端。

从根部向顶端的方向平行切。

水平方向切。

纵向直向下切。

040 用热油去蒜皮 peel garlic with hot oil

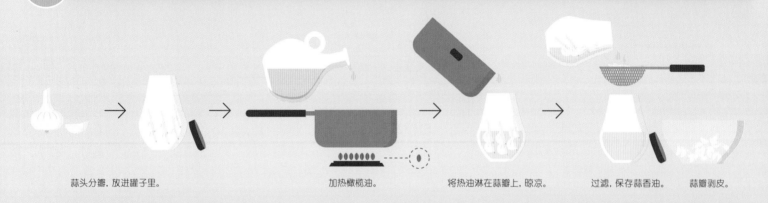

蒜头分瓣，放进罐子里。

加热橄榄油。

将热油淋在蒜瓣上，晾凉。

过滤，保存蒜香油。 蒜瓣剥皮。

041 把酸黄瓜切成扇形片 make pickle fans

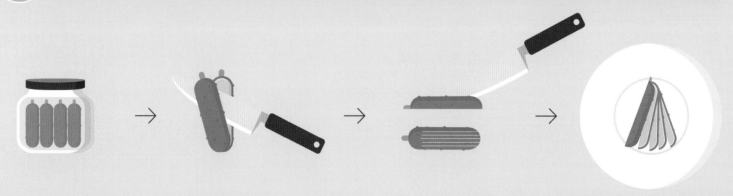

酸黄瓜一切两半。

沿茎部方向平行切，不要切断。

将瓜片展开成扇形，用来装饰。

042 切丝和切丁 cut juliennes or brunoises

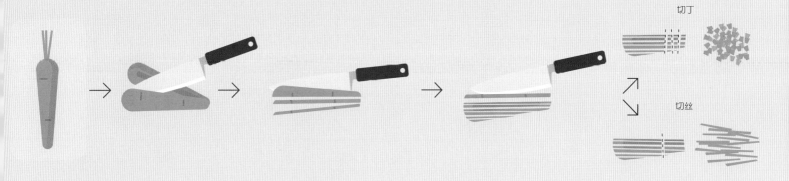

切丁

切丝

043 剁碎香草 chop herbs

044 蔬菜切片 slice vegetables

045 辣椒切末 dice a chile pepper

✳ 记得戴手套！

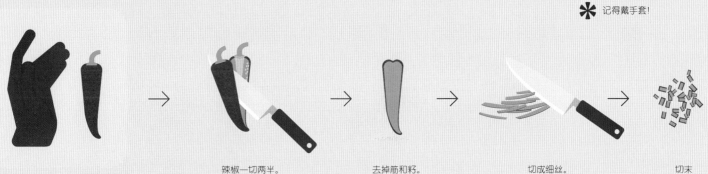

辣椒一切两半。　　　去掉筋和籽。　　　切成细丝。　　　切末

046 柿子椒去皮 peel a bell pepper

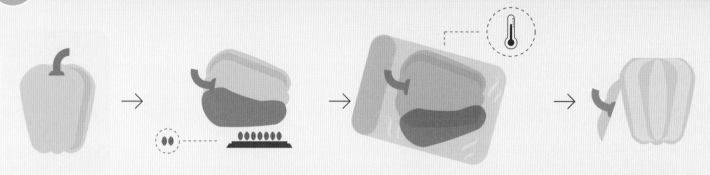

在火上旋转烤制每一面。

放在塑料袋里闷一下，让外皮松掉。

去皮，去梗。

047 切香葱 cut chives

048 制作一束混合香料 make a bouquet garni

2根欧芹　　2根百里香
2根迷迭香　2片月桂叶

用线扎在一起。

烹饪时将制作好的香料包浸入锅中，
装盘之前取出。

049 剁姜末 chop ginger

姜去皮。

切成薄片。

切成细丝，剁碎。

050 番茄去皮 peel tomatoes

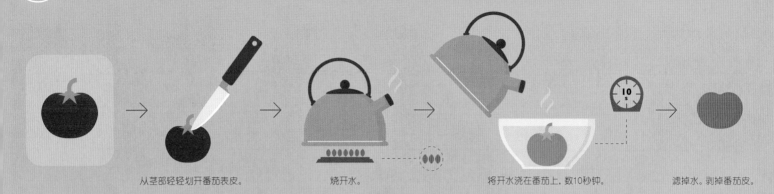

从茎部轻轻划开番茄表皮。

烧开水。

将开水浇在番茄上，数10秒钟。

滤掉水。剥掉番茄皮。

051 雕一朵萝卜花 carve a radish rose

在每一面划切口。
第一圈之外再切一圈。

冰镇一下，让花瓣打开。

052 做一朵番茄花 make a tomato flower

去梗。将番茄皮削成长长的一条。

将番茄皮卷成漂亮的花朵造型。

053 修整洋蓟 trim an artichoke

去掉外面的硬皮。从顶部切掉三分之一。

去梗，挤上柠檬汁。

切成4瓣。

挖去纤维粗糙的部分。

054 拆石榴 open a pomegranate

沿表皮划开。　　　　　　　拆开，挖出瓤。　　　　　　取出石榴子。

055 牛油果取肉 pit an avocado

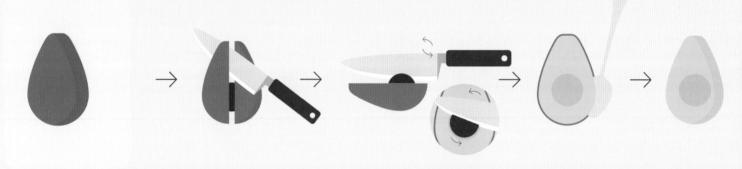

将刀刃敲进果核，把果核拧出来。　　挖取果肉。

056 杧果切丁 dice a mango

在果核两旁各切一刀，丢弃果核部分。　　将果肉翻出。　　将杧果肉丁从果皮上挖下来。

057 拆椰子 crack a coconut

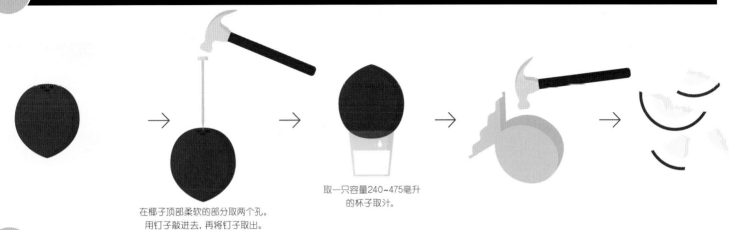

在椰子顶部柔软的部分取两个孔。
用钉子敲进去，再将钉子取出。

取一只容量240~475毫升
的杯子取汁。

058 切凤梨 cut a pineapple

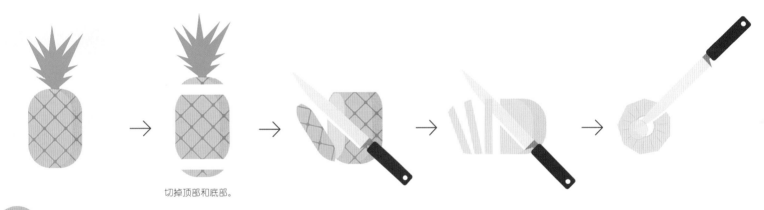

切掉顶部和底部。

059 擦柠檬皮屑 scrape lemon zest

用橙皮刀从顶部到基部刮下柠檬皮，
不要皮上白色的部分。

或者，用削皮器刮取果皮，
切成细丝。

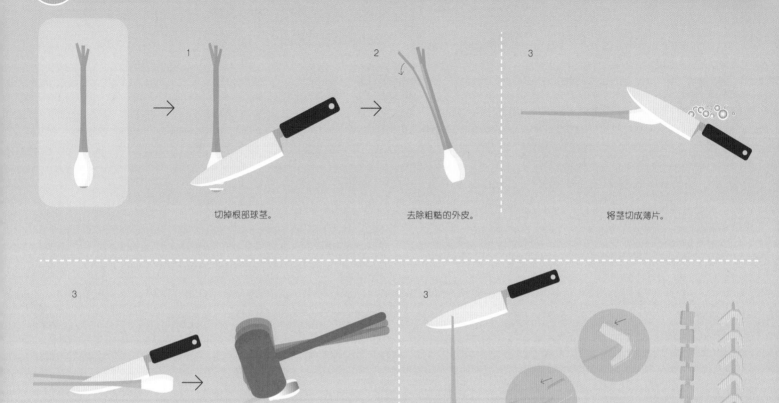

1 切掉根部球茎。

2 去除粗糙的外皮。

3 将茎切成薄片。

3 将柠檬草一剖两半。

3 用嫩肉锤把根茎部砸扁，入锅。
装盘前取出。

如用于制作烧烤串，将顶部与底部球茎进行修剪后，
直接将肉或虾穿在柠檬草上。

061 剥虾去沙线 peel and devein a shrimp

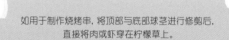

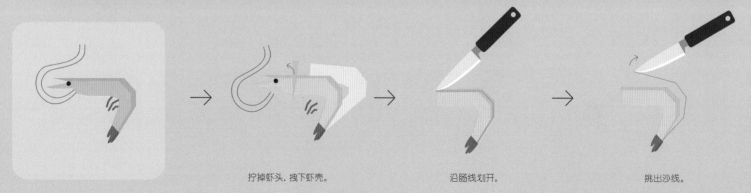

拧掉虾头，拽下虾壳。

沿肠线划开。

挑出沙线。

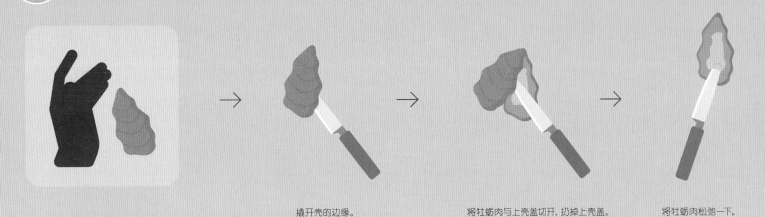

062 撬牡蛎 shuck an oyster

撬开壳的边缘。

将牡蛎肉与上壳盖切开，扔掉上壳盖。

将牡蛎肉松弛一下。

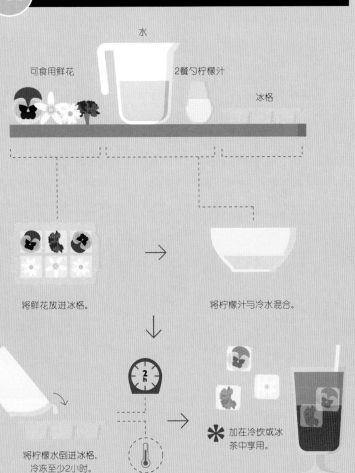

063 制作鲜花冰块 make flower ice cubes

水

可食用鲜花

2餐勺柠檬汁

冰格

将鲜花放进冰格。

将柠檬汁与冷水混合。

将柠檬水倒进冰格，冷冻至少2小时。

※ 加在冷饮或冰茶中享用。

064 冻存香草 freeze herbs

200毫升蔬菜高汤

3餐勺香草剁碎

157 熬蔬菜高汤

※ 冷冻香草可以保鲜4周，炖汤和炖菜的完美搭配。

将香草放进冰格。

加入蔬菜高汤后冷冻。

065 制作意面面团 roll pasta dough

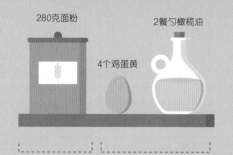

280克面粉　　4个鸡蛋黄　　2餐勺橄榄油

在面粉中间做出一个坑。
加入蛋黄和橄榄油的混合物。

在面粉中反复搅拌。

将面粉压成面团。在面板上揉压。
盖好，让面醒一下。

切成四份。

将每一份用擀面杖压平。

翻过来，再擀压。

检查一下透明度。

066 切制意大利宽面 cut fetuccine

✳ 面干后可以保存
1~2天。

挑散，晾干。

067 包意式饺子 fold tortellini

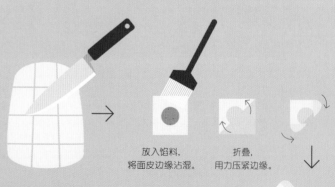

放入馅料，
将面皮边缘沾湿。

折叠，
用力压紧边缘。

✳ 冷藏可以保存1天。

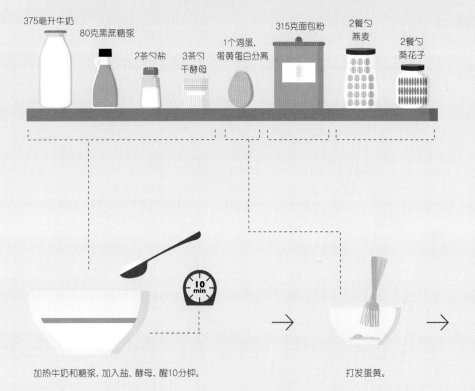

375毫升牛奶

80克黑蔗糖浆

2茶勺盐

3茶勺
干酵母

1个鸡蛋,
蛋黄蛋白分离

315克面包粉

2餐勺
燕麦

2餐勺
葵花子

10 min

加热牛奶和糖浆,加入盐、酵母,醒10分钟。

打发蛋黄。

将酵母混合液、蛋黄和面粉混合。

将面团放置温暖处,
发酵到原面团的双倍大小。

加入葵花子和燕麦。
搓揉,让面团醒一下。

364 烤面包

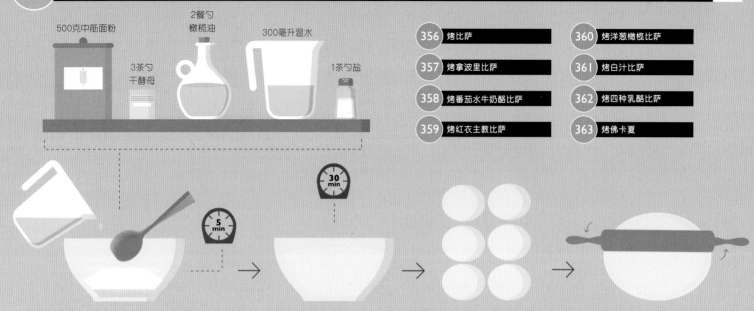

500克中筋面粉 3茶勺干酵母 2餐勺橄榄油 300毫升温水 1茶勺盐

356	烤比萨		360	烤洋葱橄榄比萨
357	烤拿波里比萨		361	烤白汁比萨
358	烤番茄水牛奶酪比萨		362	烤四种乳酪比萨
359	烤红衣主教比萨		363	烤佛卡夏

将所有材料在大碗中混合，揉成面团。

让面醒一下。

分成4~6个小面团，分别用擀面杖压成圆形。

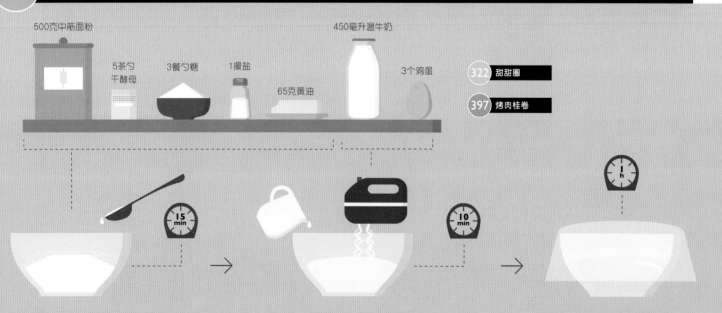

500克中筋面粉 5茶勺干酵母 3餐勺糖 1撮盐 65克黄油 450毫升温牛奶 3个鸡蛋

| 322 | 甜甜圈 |
| 397 | 烤肉桂卷 |

将面粉放进大碗，在中间挖个坑，放进酵母，
加入糖、盐和两餐勺牛奶。放置，让面醒一下。

加入鸡蛋和剩下的牛奶。
用手持电动搅拌器混合均匀。

面团调至表面光滑后，
覆盖表面，放置，让面醒一下。

用酵母面团做3根粗面棍，3根细面棍。

用3根粗面棍编出辫子，然后编细面棍。

071 制作酵母面团

堆放在一起，刷蛋液。

073 制作泡芙酥皮 make choux pastry

2个鸡蛋

120毫升水

50克黄油，切成丁

½茶勺盐

80克蛋糕粉

392 制作巧克力泡芙

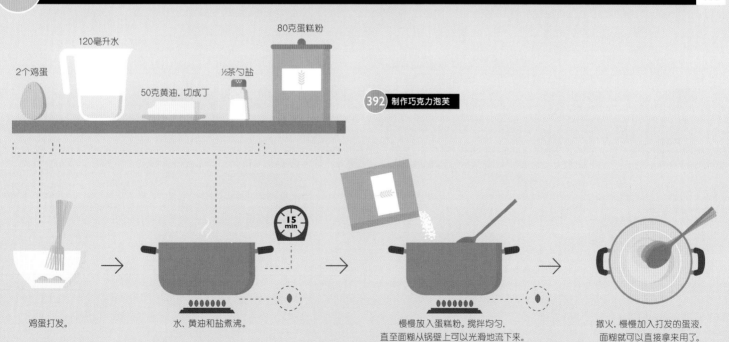

鸡蛋打发。

水、黄油和盐煮沸。

15 min

慢慢放入蛋糕粉，搅拌均匀，直至面糊从锅壁上可以光滑地流下来。

撤火，慢慢加入打发的蛋液，面糊就可以直接拿来用了。

200克蛋糕粉

381 烤柠檬挞

100克黄油，切成小丁　　4餐勺水　　½餐勺盐　　2餐勺糖　　1个鸡蛋

蛋糕粉堆好，中间挖个坑。

加入其他所有材料。

从中间向外揉至表面光滑。

盖上面团，在低温处让面团醒一下。

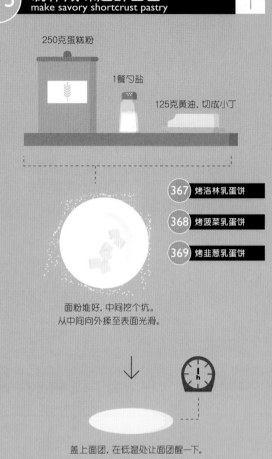

250克蛋糕粉

1餐勺盐

125克黄油，切成小丁

367 烤洛林乳蛋饼

368 烤菠菜乳蛋饼

369 烤韭葱乳蛋饼

面粉堆好，中间挖个坑。
从中间向外揉至表面光滑。

盖上面团，在低温处让面团醒一下。

076 准备蛋糕面糊 prepare cake batter

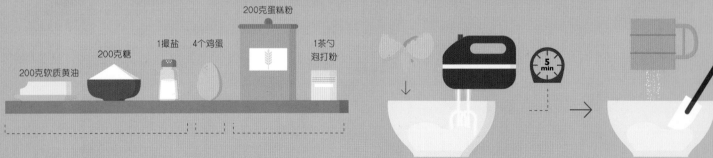

200克蛋糕粉

200克糖　　1撮盐　　4个鸡蛋　　1茶勺泡打粉

200克软质黄油

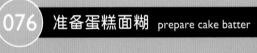
376 烤大理石蛋糕

黄油、糖、盐混合，打发5分钟，直到混合物软滑。
鸡蛋一个一个地加入，直到彻底融合。

蛋糕粉和泡打粉过筛，加入。
用抹刀搅拌均匀。马上使用。

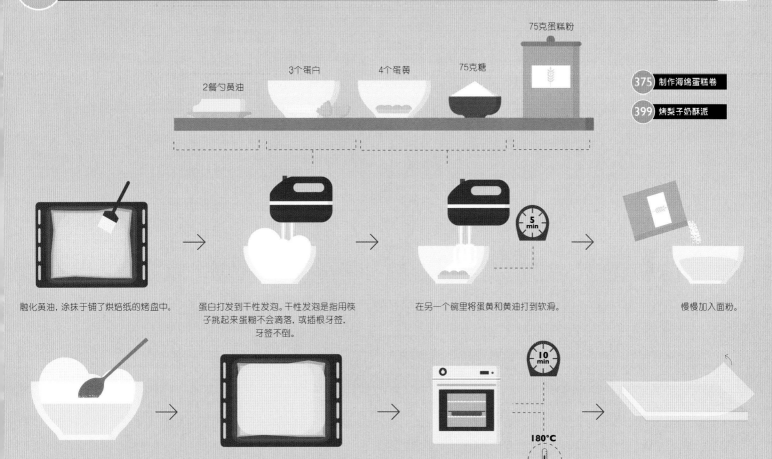

2餐勺黄油　　3个蛋白　　4个蛋黄　　75克糖　　75克蛋糕粉

375 制作海绵蛋糕卷

399 烤梨子奶酥派

融化黄油，涂抹于铺了烘焙纸的烤盘中。

蛋白打发到干性发泡。干性发泡是指用筷子挑起来蛋糊不会滴落，或插根牙签，牙签不倒。

在另一个碗里将蛋黄和黄油打到软滑。

慢慢加入面粉。

先加入三分之一的打发蛋白，混合后再加入剩下的蛋白。

将面糊均匀地倒在烤盘上，大概2厘米厚。

烤好后，插入一根牙签，如果拔出牙签是干净的，蛋糕就烤好了。

078 编乡村格子派 weave a lattice-top pie

继续，直到完全覆盖表面。

不开火的烹饪

cook without heat

079 制作调味黄油 prepare compound butter

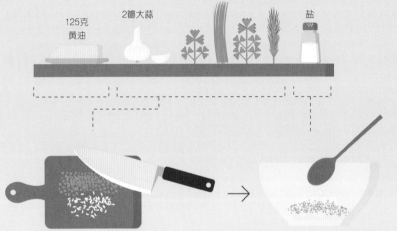

60克混合香草
（欧芹、香葱、细叶芹、迷迭香）

125克
黄油

2瓣大蒜

盐

剁蒜，香草切碎。

将香草和黄油混合，加入食盐。

涂抹在烘焙纸上。

卷成圆筒状，冷藏。
使用时切成小丁佐肉或面包。

080 制作蛋黄酱 make mayonnaise

2个蛋黄

盐

1餐勺
辣芥末

300毫升
葵花子油

2餐勺柠檬汁

胡椒

✳ 制作蛋黄酱的关键是所有的材料必须同等
温度。家庭制作的蛋黄酱如果密封得当并且
冷藏，可以保存3天。

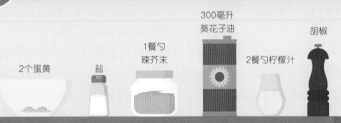

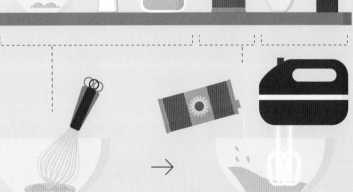

将蛋黄、盐和芥末抽打均匀。

将橄榄油非常缓慢、稳定地滴入，持续搅拌至顺滑。
务必在油彻底混合之后再继续添加。

蛋黄酱应滑腻、稳定。
加入柠檬汁、盐、胡椒进行调味。

081 制作蛋黄酱鸡蛋
make mayonnaise eggs

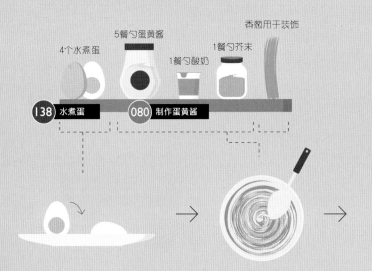

4个水煮蛋
5餐勺蛋黄酱
1餐勺酸奶
1餐勺芥末
香葱用于装饰

138 水煮蛋　　080 制作蛋黄酱

鸡蛋一切两半,切面朝下放在盘子里。

将蛋黄酱、酸奶和芥末混合搅拌。

将蛋黄酱淋在鸡蛋上,点缀香葱加以装饰。

082 制作格莫拉塔 make gremolata

20克
欧芹,切碎
1个柠檬,
擦取柠檬丝
2瓣大蒜切碎

将所有原料在碗中混合。

✳ 在炖牛骨时带来一份清新酸爽的风味和鲜脆的质感。

259 意大利炖牛膝

083 制作蒜香蛋黄酱 prepare aioli

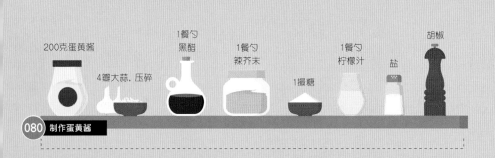

200克蛋黄酱
4瓣大蒜,压碎
1餐勺
黑醋
1餐勺
辣芥末
1撮糖
1餐勺
柠檬汁
盐
胡椒

080 制作蛋黄酱

在大碗中将所有材料混合,搅拌均匀。
盖上盖子,冷藏过夜。

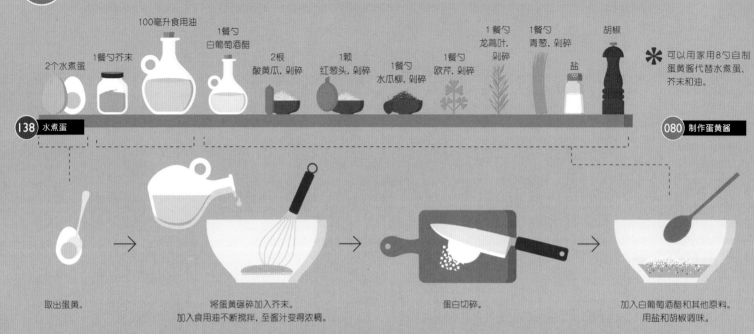

2个水煮蛋
1餐勺芥末
100毫升食用油
1餐勺白葡萄酒醋
2根酸黄瓜,剁碎
1颗红葱头,剁碎
1餐勺水瓜柳,剁碎
1餐勺欧芹,剁碎
1餐勺龙蒿叶,剁碎
1餐勺青葱,剁碎
盐
胡椒

❋ 可以用家用8勺自制蛋黄酱代替水煮蛋、芥末和油。

138 水煮蛋

080 制作蛋黄酱

取出蛋黄。

将蛋黄碾碎加入芥末。加入食用油不断搅拌,至酱汁变得浓稠。

蛋白切碎。

加入白葡萄酒醋和其他原料。用盐和胡椒调味。

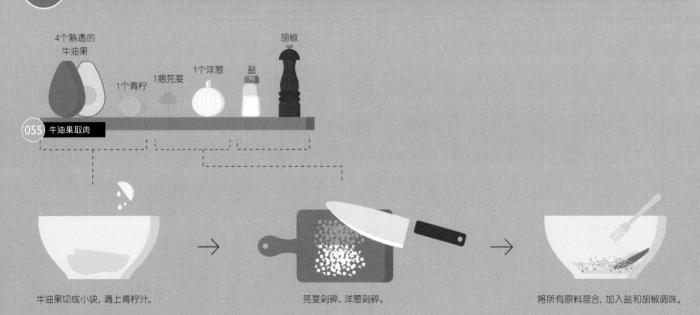

4个熟透的牛油果
1个青柠
1捆芫荽
1个洋葱
盐
胡椒

055 牛油果取肉

牛油果切成小块,滴上青柠汁。

芫荽剁碎,洋葱剁碎。

将所有原料混合,加入盐和胡椒调味。

制作青瓜酸乳酪酱 make tzatziki

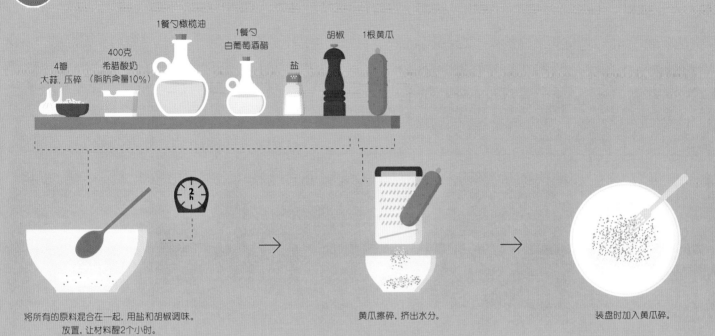

4瓣
大蒜，压碎

400克
希腊酸奶
（脂肪含量10%）

1餐勺橄榄油

1餐勺
白葡萄酒醋

盐

胡椒

1根黄瓜

将所有的原料混合在一起，用盐和胡椒调味。
放置，让材料醒2个小时。

黄瓜擦碎，挤出水分。

装盘时加入黄瓜碎。

制作意大利青酱 make pesto

45克罗勒

2餐勺松子

1瓣大蒜，压碎

80毫升
橄榄油

120克
帕玛森奶酪，擦碎

盐

胡椒

将所有原料混合在一起，
用电动搅拌机混合至呈浓稠的酱状。

调味，品尝。

✽ 如果表面覆盖一层橄榄油，在
罐子中保存的意大利青酱可
以储存一个月。

088　准备烧烤酱 prepare barbecue sauce

6餐勺油　胡椒　½茶勺盐　4餐勺柠檬汁　1撮糖　1瓣大蒜，压碎　塔巴斯科（tabasco）酱，撒两下　伍斯特郡酱，撒两下　新鲜香草　1餐勺迷迭香，剁碎　1餐勺百里香，剁碎　1根辣椒切成椒圈

所有原料混合。
将用于烧烤的肉在酱汁中浸泡2小时或过夜。

089　制作奶酪火腿吐司
make cheese and ham on toast

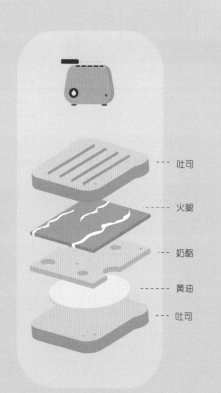

吐司
火腿
奶酪
黄油
吐司

090　制作萨拉米三明治
make a salami sandwich

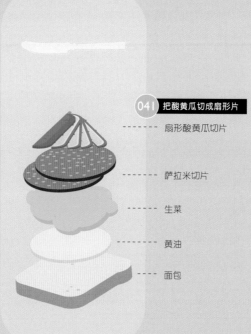

041 把酸黄瓜切成扇形片

扇形酸黄瓜切片
萨拉米切片
生菜
黄油
面包

091　制作奶酪三明治
make a cheese sandwich

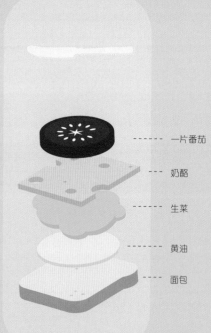

一片番茄
奶酪
生菜
黄油
面包

8片海苔

350克
熟寿司米饭

300克红金枪鱼腩（刺身
级别），切成细条

1片黄瓜

青芥末

180 制作寿司米饭

海苔展平，铺上米饭，顶端处留出空白。
挤一条青芥末，加入其他原料。

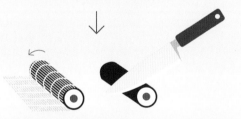

压紧海苔，卷成寿司卷。

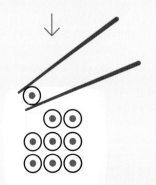

8片海苔

350克
熟寿司米饭

300克生三文鱼柳（刺身
级别），切成细条

1根胡萝卜，
切成细条

150克
三文鱼子

180 制作寿司米饭

铺上米饭，然后铺上其他原料。

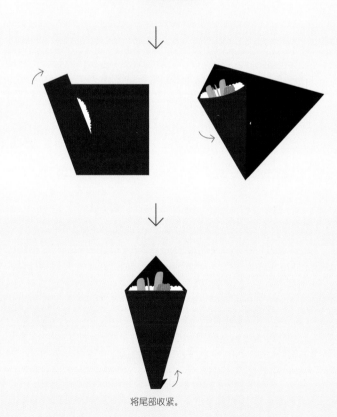

将尾部收紧。

094 制作刺身玫瑰花 create a sashimi rose

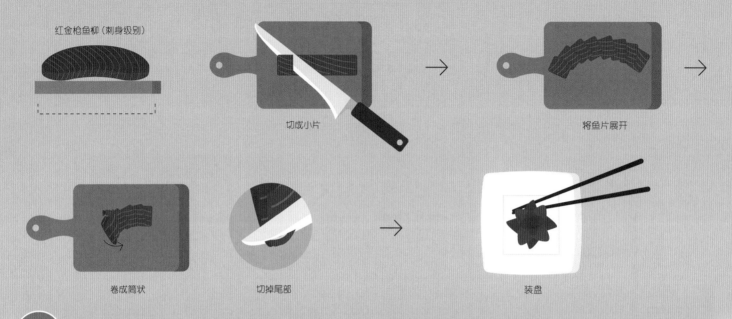

红金枪鱼柳（刺身级别）

切成小片

将鱼片展开

卷成筒状

切掉尾部

装盘

095 用青柠制作秘鲁酸橘汁腌鱼 prepare ceviche with lime

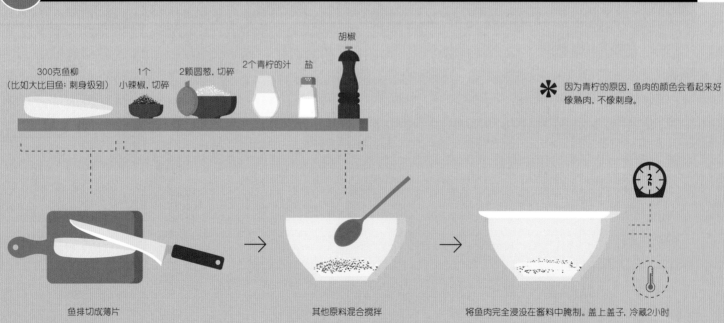

胡椒

300克鱼柳
（比如大比目鱼；刺身级别）

1个
小辣椒，切碎

2颗圆葱，切碎

2个青柠的汁

盐

✳ 因为青柠的原因，鱼肉的颜色会看起来好像熟肉，不像刺身。

鱼排切成薄片

其他原料混合搅拌

将鱼肉完全浸没在酱料中腌制。盖上盖子，冷藏2小时

096 用酱油和焦化奶油烹制三文鱼 make salmon with soy sauce and beurre noisette

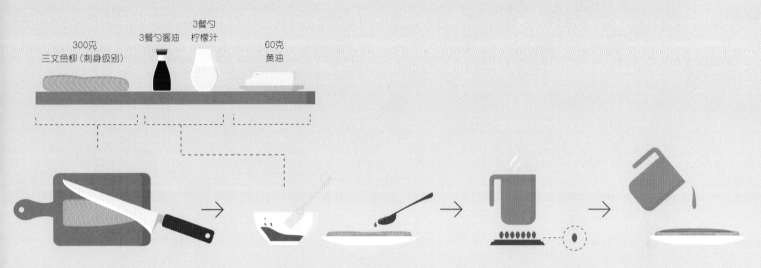

300克
三文鱼柳（刺身级别）

3餐勺酱油

3餐勺
柠檬汁

60克
黄油

三文鱼切成薄片装盘。

将柠檬汁和酱油混合，淋在鱼肉上。

装盘之前将黄油加热至金棕色。
当黄油呈现棕色时，马上撤火。

把黄油汁淋在鱼肉上装盘。

097 制作甜菜黄瓜冷汤 make cold beet and cucumber soup

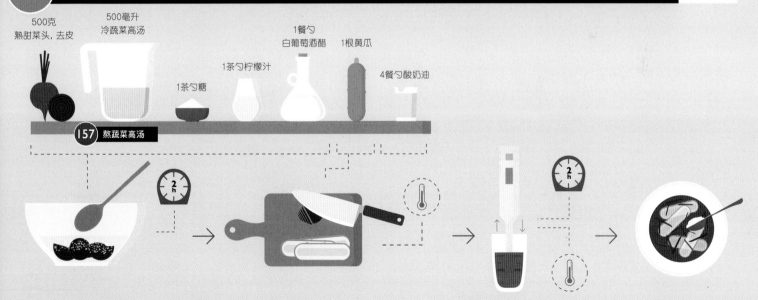

500克
熟甜菜头，去皮

500毫升
冷蔬菜高汤

1茶勺糖

1茶勺柠檬汁

1餐勺
白葡萄酒醋

1根黄瓜

4餐勺酸奶油

157 熬蔬菜高汤

将蔬菜高汤浇在甜菜头上，加入其他原料，
搅拌均匀后放置2小时，让高汤充分吸收甜菜的颜色。

取出一颗甜菜头切成细丝，
黄瓜切成薄片，放入冰箱冷藏。

用电动搅拌机打碎汤汁，
冷藏2小时。

加入黄瓜片和甜菜丝，
上桌前加入一勺酸奶油。

500克
番茄，去皮切丁

半根黄瓜，切丁

彩椒红黄绿各1个，切丁

30克
面包屑

1罐番茄泥
（约875克）

200毫升水

6餐勺橄榄油

2餐勺
白葡萄酒醋

050 番茄去皮

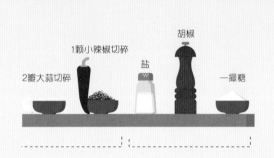

2瓣大蒜切碎

1颗小辣椒切碎

盐

胡椒

一撮糖

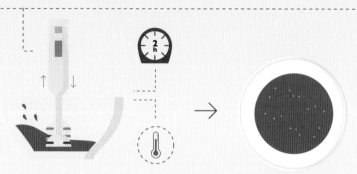

将所有原料混合，冷藏2小时。

用盐、胡椒、糖调味。

3根黄瓜，
去皮去子，切成小片

3根青葱切碎

1瓣大蒜切末

50毫升酪乳

300克酸奶

3餐勺
酸奶油

2餐勺柠檬汁

100克水波虾

1餐勺莳萝
剁碎

1餐勺柠檬汁

盐

胡椒

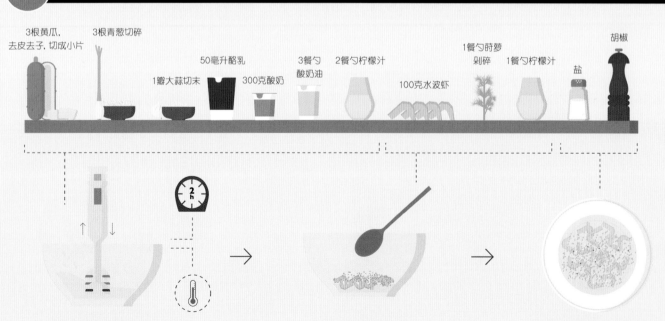

所有原料混合，冷藏2小时。

混合水波虾、莳萝和柠檬汁。

汤装盘，加入莳萝、虾，用胡椒、盐调味。

100 制作意大利牛肉薄切配凤尾鱼汁 prepare vitello tonnato

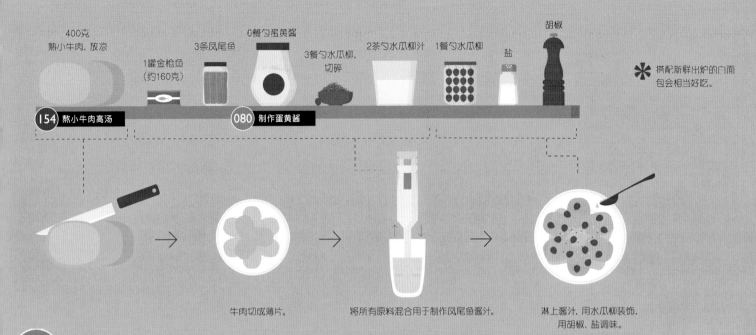

400克
熟小牛肉，放凉

1罐金枪鱼
（约160克）

3条凤尾鱼

6餐勺蛋黄酱

3餐勺水瓜柳，
切碎

2茶勺水瓜柳汁

1餐勺水瓜柳

盐

胡椒

154 熬小牛肉高汤

080 制作蛋黄酱

✳ 搭配新鲜出炉的白面
包会相当好吃。

牛肉切成薄片。

将所有原料混合用于制作凤尾鱼酱汁。

淋上酱汁，用水瓜柳装饰，
用胡椒、盐调味。

101 制作意大利番茄罗勒水牛奶酪冷盘 make tomatoes with mozzarella and basil

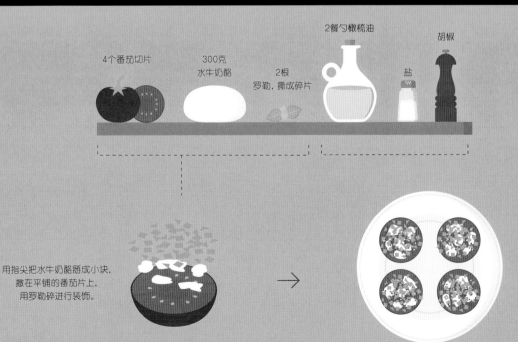

4个番茄切片

300克
水牛奶酪

2根
罗勒，撕成碎片

2餐勺橄榄油

盐

胡椒

用指尖把水牛奶酪掰成小块，
撒在平铺的番茄片上，
用罗勒碎进行装饰。

滴一圈橄榄油，
用胡椒、盐调味。

102 制作经典油醋汁 make classic vinaigrette

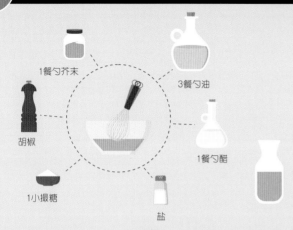

1餐勺芥末
3餐勺油
胡椒
1餐勺醋
1小撮糖
盐

103 准备酪乳酱（牛奶酱）
prepare buttermilk dressing

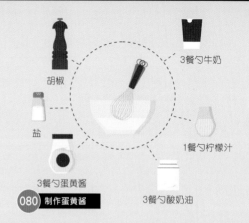

3餐勺牛奶
胡椒
盐
1餐勺柠檬汁
3餐勺蛋黄酱
3餐勺酸奶油

080 制作蛋黄酱

104 制作柠檬油醋汁 make lemon vinaigrette

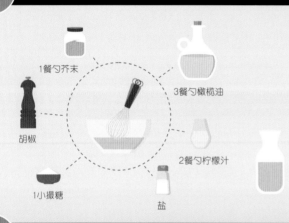

1餐勺芥末
3餐勺橄榄油
胡椒
2餐勺柠檬汁
1小撮糖
盐

105 制作酸奶调味酱 make yogurt dressing

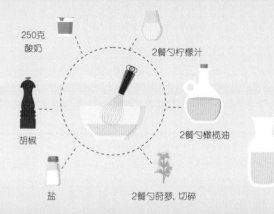

250克酸奶
2餐勺柠檬汁
胡椒
2餐勺橄榄油
盐
2餐勺莳萝, 切碎

106 准备黑醋调味汁 prepare balsamic dressing

15片罗勒叶, 撕成小片
2餐勺黑醋
4餐勺橄榄油
胡椒
盐

107 制作香草调味汁 make herb dressing

1茶勺蜂蜜（流质）
4餐勺混合香草
（比如香葱、莳萝、罗勒）切碎
3餐勺醋
胡椒
4餐勺油
盐
1颗圆葱切碎
1茶勺芥末

108 准备恺撒沙拉调味酱
prepare Caesar dressing

2瓣大蒜切碎

盐

胡椒

1个蛋黄

1个柠檬的汁

2茶勺芥末

1餐勺伍斯特郡酱

1茶勺醋

2条凤尾鱼切碎

4餐勺橄榄油

109 制作培根、面包丁、苦苣沙拉

107 制作香草调味汁

1头苦苣

2餐勺煎面包丁
（煎炸的白面包丁）

2餐勺煎培根碎

110 制作番茄沙拉
make a tomato salad

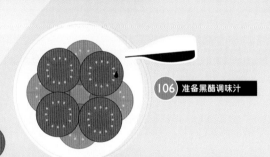

4个大番茄切片

106 准备黑醋调味汁

111 制作青菜沙拉 make a green salad

102 制作经典油醋汁

1头生菜，撕成小片。

112 制作蘑菇沙拉
make a mushroom salad

250克
蘑菇切片

104 制作柠檬油醋汁

113 制作松子菠菜沙拉
make a spinach salad with pine nuts

250克
菠菜

105 制作酸奶调味酱

2餐勺烤松子

77

114 制作番茄夏南瓜沙拉 make a zucchini salad with tomatoes

3个夏南瓜，切成细条

1餐勺盐

3个番茄切丁

15片罗勒叶，切成细丝

3餐勺橄榄油

盐

胡椒

用盐腌一下夏南瓜条。

用水冲洗，滤干。

将夏南瓜、番茄和罗勒混合。

滴上橄榄，用胡椒、盐调味。

115 制作面包沙拉 make a bread salad

黑醋调味汁

200克
隔日白面包切片

3个番茄，切丁

1根小黄瓜，切成薄片

3餐勺
去核黑橄榄

106 准备黑醋调味汁

将面包烤热后拆成小块。

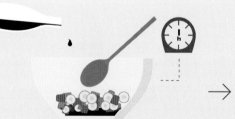

将番茄、黄瓜混合在一起，加入黑醋汁搅拌。
放置，让酱汁充分入味。

加入面包和橄榄，搅拌，挂上酱汁。

116 用石榴配比利时菊苣沙拉 prepare Belgian endive with pomegranate

2头菊苣

1餐勺香葱，切成小香葱圈

酪乳酱

3餐勺石榴子

103 准备酪乳酱（牛奶酱）　　**054** 拆石榴

将菊苣一切两半，挖掉菜梗。

将叶片拆下来，充分蘸取酪乳酱。

用石榴子进行装饰。

117 制作蔬菜沙拉 make a vegetable salad

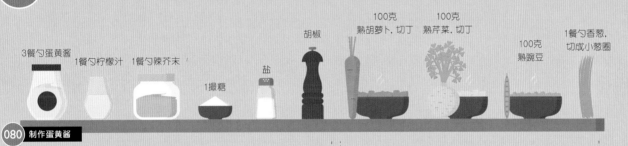

3餐勺蛋黄酱

1餐勺柠檬汁　1餐勺辣芥末

胡椒

100克熟胡萝卜，切丁

100克熟芹菜，切丁

1撮糖

盐

100克熟豌豆

1餐勺香葱，切成小葱圈

080 制作蛋黄酱

将蛋黄酱、芥末、柠檬汁、盐、胡椒和一撮糖混合。

加入香葱、熟蔬菜一起搅拌。

118 制作火腿卷 make ham roll-ups

111 制作青菜沙拉

蔬菜沙拉也是火腿卷的完美馅料。
4片熟火腿卷入蔬菜沙拉，盛在青菜沙拉上装盘。

119 制作意面沙拉 make a pasta salad

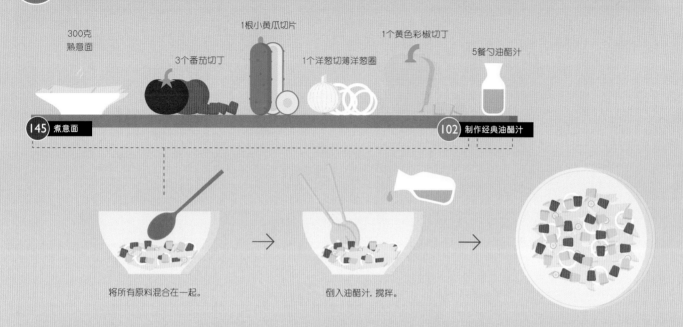

300克
熟意面

3个番茄切丁

1根小黄瓜切片

1个洋葱切薄洋葱圈

1个黄色彩椒切丁

5餐勺油醋汁

145 煮意面

102 制作经典油醋汁

将所有原料混合在一起。

倒入油醋汁，搅拌。

120 制作黎巴嫩塔布勒沙拉 prepare tabbouleh

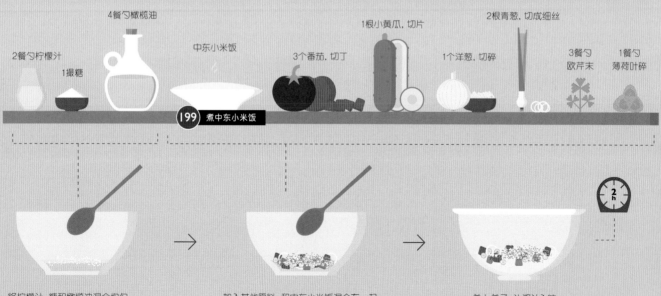

2餐勺柠檬汁

1撮糖

4餐勺橄榄油

中东小米饭

3个番茄，切丁

1根小黄瓜，切片

1个洋葱，切碎

2根青葱，切成细丝

3餐勺
欧芹末

1餐勺
薄荷叶碎

199 煮中东小米饭

将柠檬汁、糖和橄榄油混合均匀。

加入其他原料，和中东小米饭混合在一起。

盖上盖子，让酱汁入味。

制作鸡蛋沙拉 *make an egg salad*

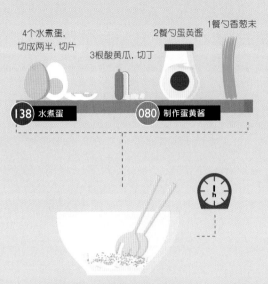

4个水煮蛋,
切成两半, 切片

3根酸黄瓜, 切丁

2餐勺蛋黄酱

1餐勺香葱末

138 水煮蛋   **080** 制作蛋黄酱

将所有原料混合后, 放置1小时。

---

122 **制作蔬菜鸡蛋沙拉**
make an egg salad with vegetables

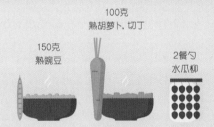

150克
熟豌豆

100克
熟胡萝卜, 切丁

2餐勺
水瓜柳

小心地把所有材料混合在一起。

---

123 **制作菜丝沙拉** *make coleslaw*

350克
高丽菜, 擦成丝

2根胡萝卜, 擦成丝

酪乳酱

103 准备酪乳酱（牛奶酱）

将高丽菜丝和胡萝卜丝混合。

↓

加入酱汁, 搅拌, 盖上盖子, 放置2小时。

200克
罗马生菜, 撕成小块   6餐勺恺撒酱汁

4餐勺烤面包丁
（白面包切丁后烘烤酥）   2餐勺磨碎的
帕玛森奶酪

✳ 也可以用烤鸡胸切小块撒在
沙拉顶部。

108 准备恺撒沙拉调味酱

将沙拉和面包丁一起搅拌。   倒入沙拉汁。   撒上帕玛森奶酪。

200克
芹菜根, 切丝

2个苹果, 去皮, 切丝   3餐勺蛋黄酱   胡椒
3餐勺核桃仁碎   2餐勺柠檬汁   2餐勺
酸奶油   盐   2餐勺核桃仁碎

080 制作蛋黄酱

3 h

混合苹果、芹菜和核桃仁碎。   蛋黄酱、柠檬汁和酸奶油, 搅拌均匀,
用胡椒、盐调味。   将酱汁淋在沙拉上, 搅拌均匀。
盖上盖子, 冷藏。   用核桃仁装饰。

126 准备黄油酱 prepare buttercream

250克
无盐黄油　　150克糖　　2个鸡蛋黄

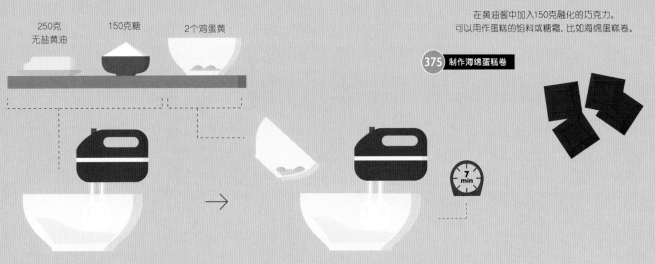

将黄油和鸡蛋从冰箱中取出，
在室温内放置2小时。将黄油和糖打至顺滑。

一个一个地加入蛋黄，搅拌至完全混合。

7 min

127 准备巧克力黄油酱 prepare chocolate buttercream

在黄油酱中加入150克融化的巧克力。
可以用作蛋糕的馅料或糖霜，比如海绵蛋糕卷。

375 制作海绵蛋糕卷

128 准备巧克力慕斯 prepare chocolate mousse

200克黑巧克力
（可可含量高于60%），
掰成小块

4个鸡蛋，
蛋黄蛋白分离　1撮盐

3餐勺软黄油

068 分离蛋液

巧克力隔水加热融化。冷却。

蛋白中加一小撮盐打发至干性发泡。

3 h

* 最好提前准备，在
冰箱中冷藏过夜。

融化黄油，冷却。

将黄油和蛋黄一起抽打至顺滑。
小心地加入融化的巧克力。

小心地加入打发的蛋白。盖上盖子，
冷藏至少3小时。

129 制作提拉米苏 make tiramisu

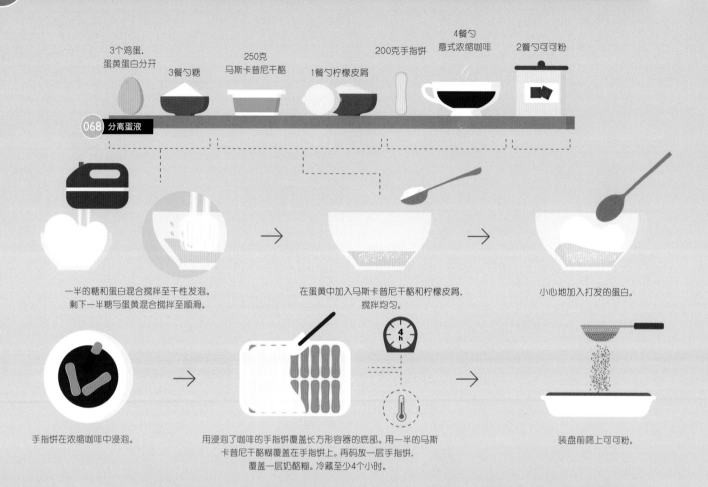

3个鸡蛋，蛋黄蛋白分开
3餐勺糖
250克 马斯卡普尼干酪
1餐勺柠檬皮屑
200克手指饼
4餐勺 意式浓缩咖啡
2餐勺可可粉

068 分离蛋液

一半的糖和蛋白混合搅拌至干性发泡。剩下一半糖与蛋黄混合搅拌至顺滑。

在蛋黄中加入马斯卡普尼干酪和柠檬皮屑，搅拌均匀。

小心地加入打发的蛋白。

手指饼在浓缩咖啡中浸泡。

用浸泡了咖啡的手指饼覆盖长方形容器的底部。用一半的马斯卡普尼干酪糊覆盖在手指饼上。再码放一层手指饼，覆盖一层奶酪糊。冷藏至少4个小时。

装盘前筛上可可粉。

130 准备糖霜 prepare sugar icing

1个蛋白
100克糖粉
2餐勺柠檬汁

068 分离蛋液

用木勺小心地搅拌蛋白和糖粉。不要抽打，不要打发。

加入柠檬汁，搅拌均匀。将糖霜浇在蛋糕上，静置1个小时。

84

131 准备巧克力糖霜 prepare chocolate icing

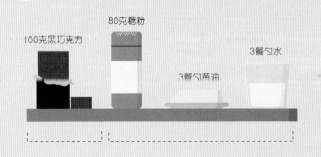

100克黑巧克力　80克糖粉　3餐勺黄油　3餐勺水

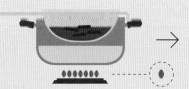

巧克力隔水加热融化。

将糖粉和黄油加入，搅拌至完全融合。
如需要可加入一点水。趁热用来涂抹蛋糕。

132 完美平滑地给蛋糕抹上糖霜 ice a perfectly smooth cake

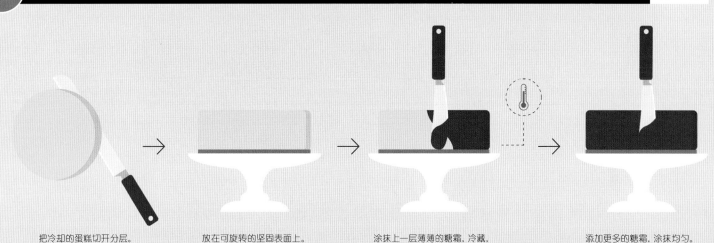

把冷却的蛋糕切开分层。

放在可旋转的坚固表面上。

涂抹上一层薄薄的糖霜，冷藏，
让糖霜干燥凝固。

添加更多的糖霜，涂抹均匀。

从边缘向中间将涂层修整平滑。
用糖霜覆盖侧面。

用热水冲洗刀子。

将刀刃放在蛋糕表面，旋转蛋糕。

133 制作巧克力薄荷叶
make chocolate mint leaves

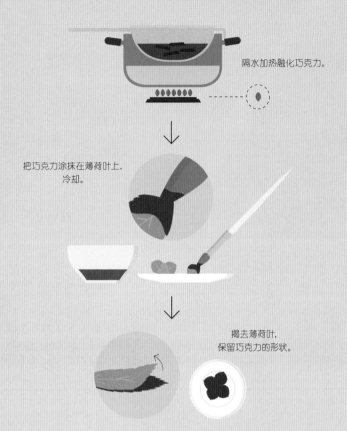

隔水加热融化巧克力。

把巧克力涂抹在薄荷叶上，冷却。

揭去薄荷叶，保留巧克力的形状。

134 制作巧克力蕾丝花边
design chocolate lace

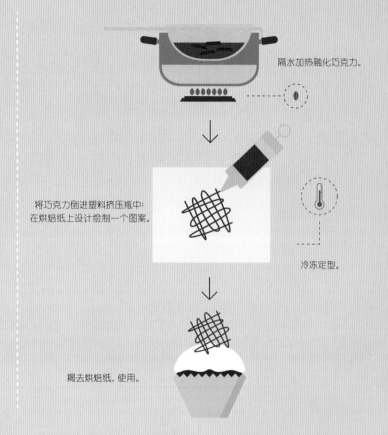

隔水加热融化巧克力。

将巧克力倒进塑料挤压瓶中；在烘焙纸上设计绘制一个图案。

冷冻定型。

揭去烘焙纸，使用。

135 用模具做糖印花 stencil with sugar

在冷却的蛋糕上方放置一个印花模板。

将防潮糖霜筛在模板上。

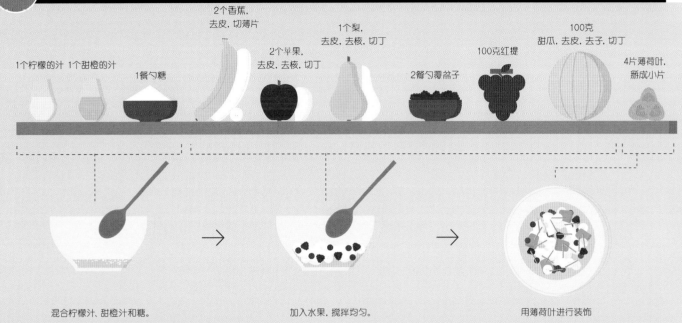

1个柠檬的汁　1个甜橙的汁

1餐勺糖

2个香蕉,
去皮,切薄片

2个苹果,
去皮,去核,切丁

1个梨,
去皮,去核,切丁

2餐勺覆盆子

100克红提

100克
甜瓜,去皮,去子,切丁

4片薄荷叶,
掰成小片

混合柠檬汁,甜橙汁和糖。

加入水果,搅拌均匀。

用薄荷叶进行装饰

137 果昔冰棒 freeze smoothie pops

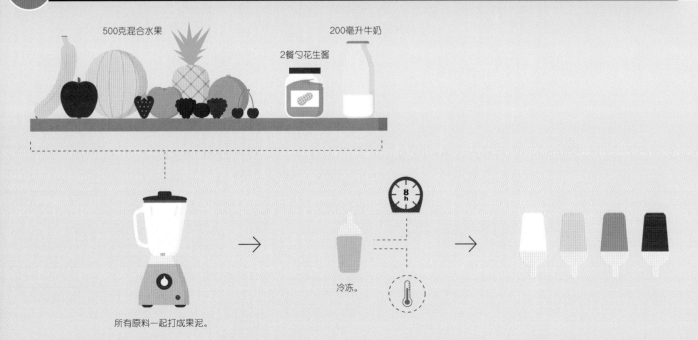

500克混合水果

2餐勺花生酱

200毫升牛奶

所有原料一起打成果泥。

冷冻。

煮

cook

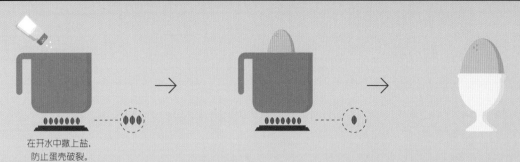

在开水中撒上盐，
防止蛋壳破裂。

4 min 流质

6 min 溏心

8 min 全熟

1餐勺
白葡萄酒醋

1个鸡蛋

✳ 鸡蛋一定要新鲜——这样做水波
蛋的时候形状才好看。

3 min 流质

5 min 全熟

小心地把鸡蛋磕在碗里。

在锅中倒入1升水，加入白葡萄酒醋。
白葡萄酒醋可以让蛋白凝固速度加快。

小心地把鸡蛋滑进接近沸腾的水中。

不想吃到那股清淡的白葡萄酒醋味？
装盘之前冲洗一下。

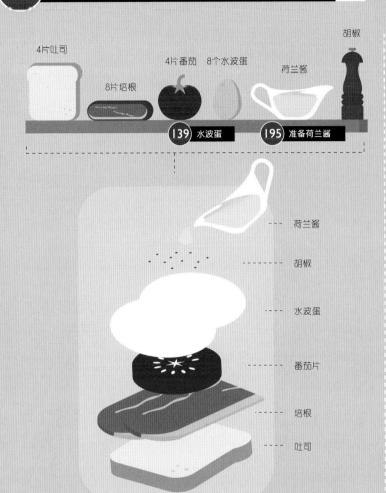

4片吐司
8片培根
4片番茄 8个水波蛋
荷兰酱
胡椒

139 水波蛋 **195** 准备荷兰酱

- - - 荷兰酱
- - - 胡椒
- - - 水波蛋
- - - 番茄片
- - - 培根
- - - 吐司

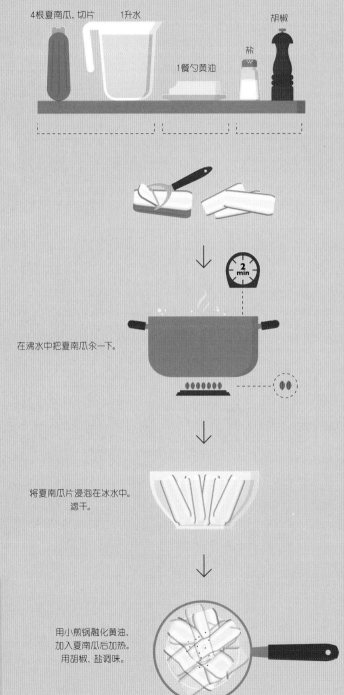

4根夏南瓜, 切片 1升水 盐 1餐勺黄油 胡椒

2 min

在沸水中把夏南瓜氽一下。

将夏南瓜片浸泡在冰水中。
滤干。

用小煎锅融化黄油,
加入夏南瓜后加热。
用胡椒、盐调味。

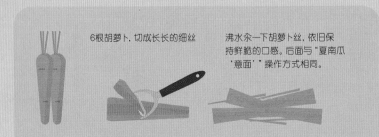

6根胡萝卜, 切成长长的细丝

沸水氽一下胡萝卜丝, 依旧保持鲜脆的口感。后面与"夏南瓜'意面'"操作方式相同。

91

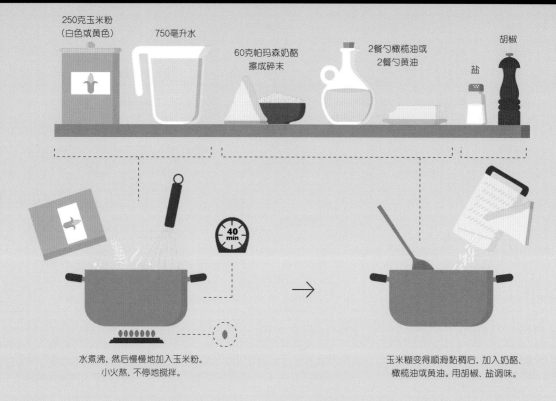

250克玉米粉
（白色或黄色）

750毫升水

60克帕玛森奶酪
擦成碎末

2餐勺橄榄油或
2餐勺黄油

盐

胡椒

40 min

水煮沸，然后慢慢地加入玉米粉。
小火熬，不停地搅拌。

玉米糊变得顺滑黏稠后，加入奶酪、
橄榄油或黄油。用胡椒、盐调味。

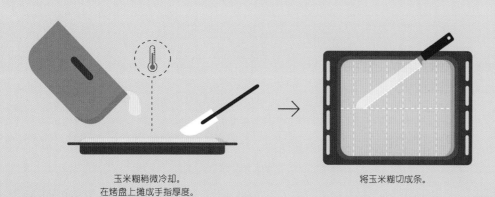

玉米糊稍微冷却。
在烤盘上摊成手指厚度。

将玉米糊切成条。

146 制作番茄酱汁

玉米糊切条加番茄酱汁装盘。

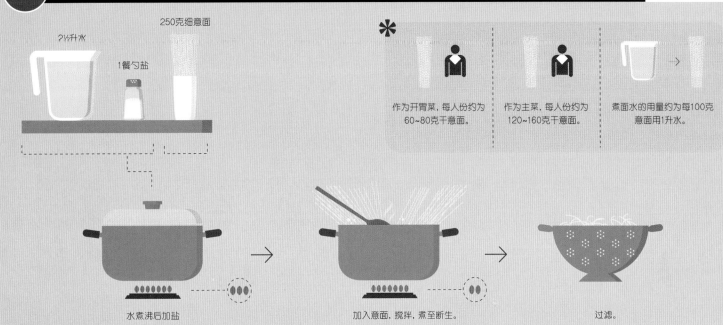

2½升水

250克细意面

1餐勺盐

* 作为开胃菜，每人份约为
60~80克干意面。

作为主菜，每人份约为
120~160克干意面。

煮面水的用量约为每100克
意面用1升水。

水煮沸后加盐

加入意面，搅拌，煮至断生。

过滤。

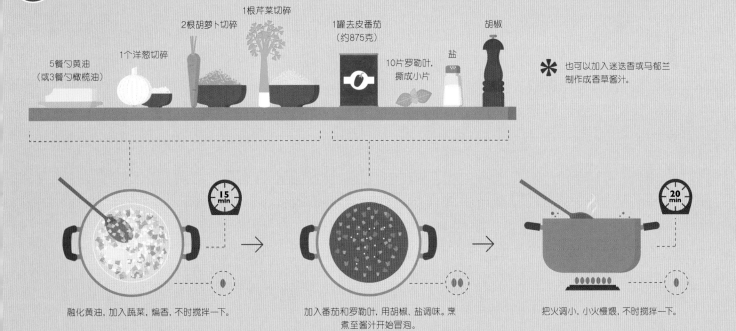

5餐勺黄油
（或3餐勺橄榄油）

1个洋葱切碎

2根胡萝卜切碎

1根芹菜切碎

1罐去皮番茄
（约875克）

10片罗勒叶，
撕成小片

盐

胡椒

* 也可以加入迷迭香或马郁兰
制作成香草酱汁。

15 min

20 min

融化黄油，加入蔬菜，煸香，不时搅拌一下。

加入番茄和罗勒叶，用胡椒、盐调味。烹
煮至酱汁开始冒泡。

把火调小，小火慢煨，不时搅拌一下。

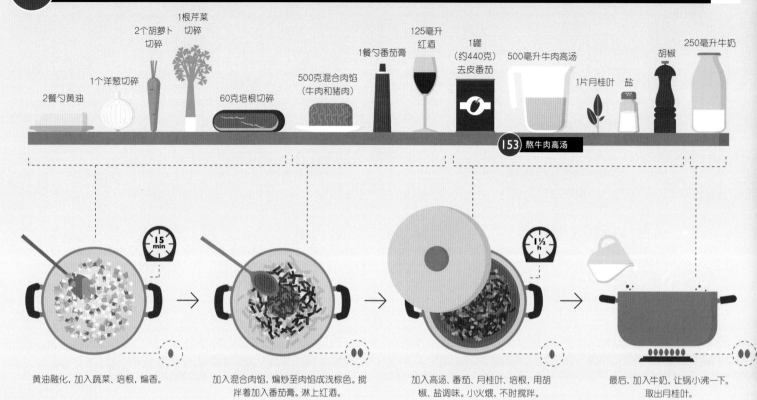

2餐勺黄油

1个洋葱切碎

2个胡萝卜 切碎

1根芹菜 切碎

60克培根切碎

500克混合肉馅 （牛肉和猪肉）

1餐勺番茄膏

125毫升 红酒

1罐 （约440克） 去皮番茄

500毫升牛肉高汤

1片月桂叶　盐

胡椒

250毫升牛奶

153 熬牛肉高汤

黄油融化，加入蔬菜、培根，煸香。

加入混合肉馅，煸炒至肉馅成浅棕色。搅拌着加入番茄膏。淋上红酒。

加入高汤、番茄、月桂叶、培根，用胡椒、盐调味。小火煨，不时搅拌。

最后，加入牛奶，让锅小沸一下。取出月桂叶。

148 烹制辣番茄酱汁 cook arrabbiata sauce

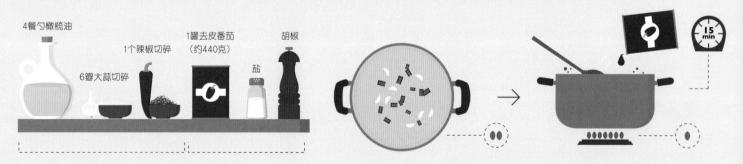

4餐勺橄榄油

6瓣大蒜切碎

1个辣椒切碎

1罐去皮番茄 （约440克）

盐

胡椒

在平底锅中加热橄榄油，煸香辣椒和大蒜。

加入番茄，用胡椒、盐调味，小火煨。

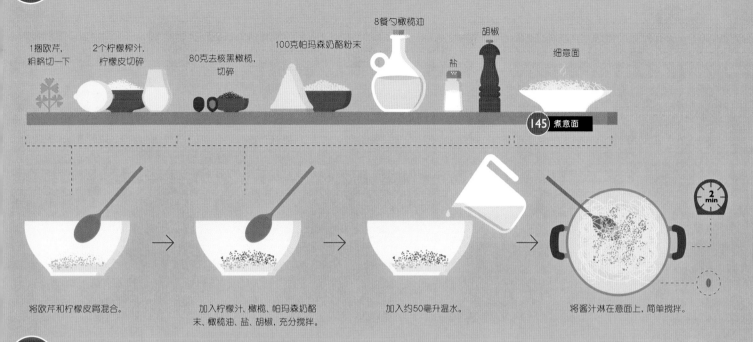

1捆欧芹,
粗略切一下

2个柠檬榨汁,
柠檬皮切碎

80克去核黑橄榄,
切碎

100克帕玛森奶酪粉末

8餐勺橄榄油

盐

胡椒

细意面

145 煮意面

将欧芹和柠檬皮屑混合。

加入柠檬汁、橄榄、帕玛森奶酪末、橄榄油、盐、胡椒,充分搅拌。

加入约50毫升温水。

将酱汁淋在意面上,简单搅拌。

150 准备奶酪酱汁 prepare cheese sauce

3餐勺面粉

750毫升牛奶

400克干酪,擦碎

2餐勺芥末

盐

胡椒

8餐勺黄油

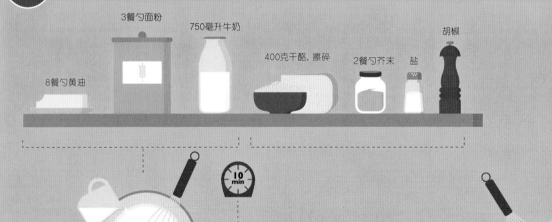

融化黄油,加入面粉,不断抽打至成为金色糊状。慢慢地加入冷牛奶,不断继续抽打。小火煨,不断搅拌,直到液体变得浓稠顺滑。整个过程大概10分钟。

加入奶酪、芥末,用胡椒、盐调味。继续小火煨,不断搅拌,直到奶酪融化,酱汁变得顺滑。

151 准备白汁意面 prepare spaghetti carbonara

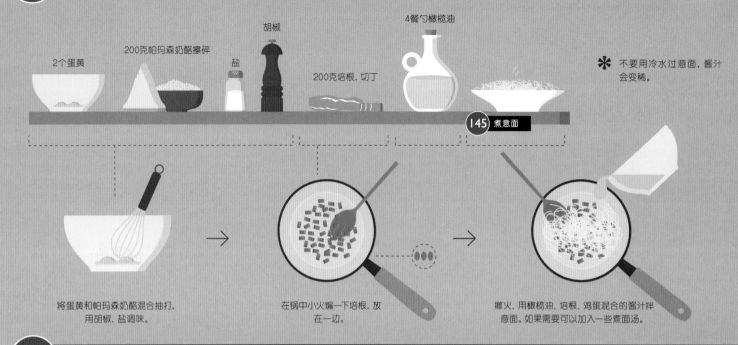

2个蛋黄
200克帕玛森奶酪擦碎
盐
胡椒
200克培根,切丁
4餐勺橄榄油

145 煮意面

✱ 不要用冷水过意面,酱汁会变稀。

将蛋黄和帕玛森奶酪混合抽打,用胡椒、盐调味。

在锅中小火煸一下培根,放在一边。

撤火,用橄榄油、培根、鸡蛋混合的酱汁拌意面。如果需要可以加入一些煮面汤。

152 意面搭配酱汁 pair pasta with sauce

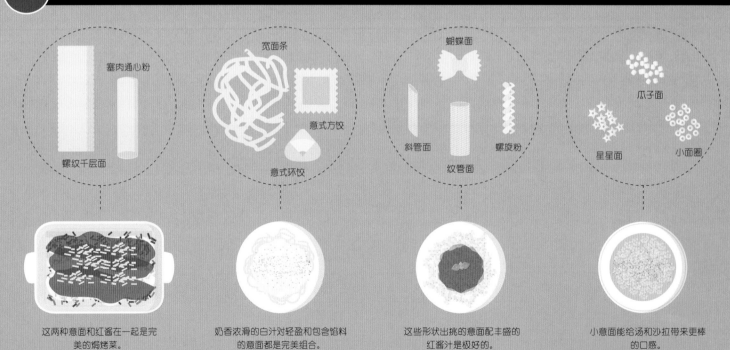

塞肉通心粉
螺纹千层面

宽面条
意式方饺
意式环饺

蝴蝶面
斜管面
纹管面
螺旋粉

瓜子面
星星面
小面圈

这两种意面和红酱在一起是完美的焗烤菜。

奶香浓滑的白汁对轻盈和包含馅料的意面都是完美组合。

这些形状出挑的意面配丰盛的红酱汁是极好的。

小意面能给汤和沙拉带来更棒的口感。

96

1个洋葱切成两半

4餐勺油

2 000克牛肉
（可以用牛胸肉）

500克牛骨

大约1 500克蔬菜（2根胡萝卜、1根芹菜、1根韭葱、
1颗块根芹、1根黄萝卜）粗略地切一下

3升水

1根欧芹，
1片月桂叶

10粒
整粒黑胡椒

盐

在热锅中把洋葱的切面燎成棕
色，不要放油。

在大锅中加热油，煎一下牛肉。
加入牛骨和蔬菜。

加入能充分没过食材的冷水。加入燎成棕色的
洋葱、欧芹、月桂叶和胡椒粒。煮沸，用滤网过
滤掉表面漂浮的任何沫状、块状物质。

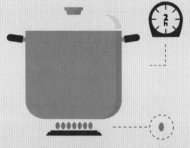

盖上盖子，小火煨。

挑出牛肉和牛骨，扔掉蔬菜。

用细网过滤高汤，用盐调味。

✳ 如果希望风味更
浓郁，可以再熬
煮1~2个小时，
让汤汁更浓。冻
在冰格中——可
以把冻高汤像浓
汤宝一样取用。

154 熬小牛肉高汤 cook veal stock

用1 500克小牛肉和骨头替换掉牛肉。不要
放盐。此高汤可以用于腌制烤肉。

155 制作牛肉意面汤 cook beef and pasta soup

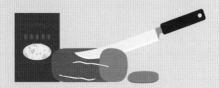

用高汤煮意面，加入肉片。

156 制作高汤水波蛋 cook zuppa pavese

在汤碗中磕一个鸡蛋黄，倒入热高汤。

157 熬蔬菜高汤 cook vegetable stock

1个带皮洋葱
切成两半

3餐勺
橄榄油

2 000克蔬菜（胡萝卜、芹菜、欧芹根、块根芹、
洋葱、韭葱）粗略切块

2升水

1根欧芹，
2片月桂叶

1茶勺
整粒黑胡椒

盐

在热锅中把洋葱的切面燎成棕色，
不要放油。

在大锅中加热油，炒制蔬菜至软烂。

加入能充分没过食材的冷水。加入燎成棕色的
洋葱、欧芹、月桂叶和胡椒粒。煮沸，盖上盖
子，小火煨2个小时。扔掉蔬菜。

用细网过滤高汤，
用盐调味。

158 做鱼汤 make fish soup

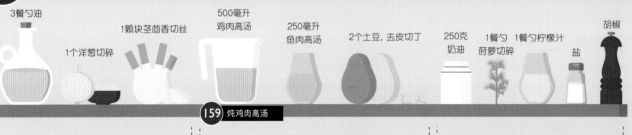

3餐勺油

1个洋葱切碎

1颗块茎茴香切丝

500毫升
鸡肉高汤

250毫升
鱼肉高汤

2个土豆，去皮切丁

250克
奶油

1餐勺
莳萝切碎

1餐勺柠檬汁

盐

胡椒

159 炖鸡肉高汤

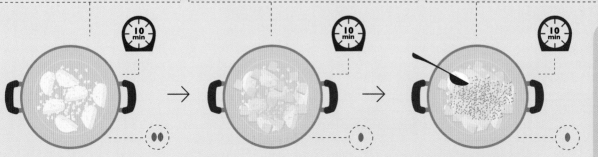

大锅中热油，加入茴香、洋葱，炒至软烂。

加入鸡肉高汤、鱼肉高汤和土豆，小火煨。

加入奶油、莳萝和柠檬汁，
用胡椒、盐调味。继续小火煨。

＊
撕一些烟熏鲑鱼碎在
汤里，并且撒在表面
进行装饰。装盘的时
候可以配以白面包。

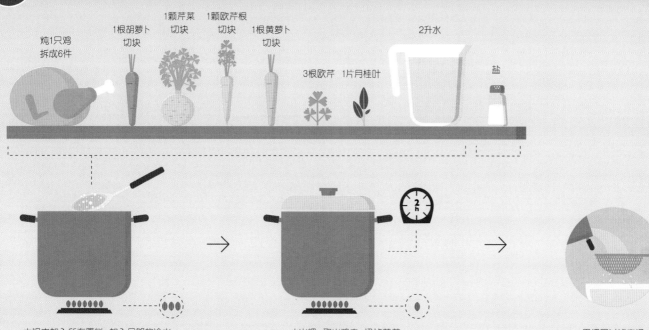

炖1只鸡
拆成6件

1根胡萝卜
切块

1颗芹菜
切块

1颗欧芹根
切块

1根黄萝卜
切块

3根欧芹　1片月桂叶

2升水

盐

大锅中加入所有原料，加入足够的冷水
没过食材。煮沸后滤掉浮沫。

小火煨。取出鸡肉，扔掉蔬菜。

用细网过滤高汤，
用盐调味。

---

160 制作菠菜鸡肉意面汤 cook chicken and pasta soup with spinach

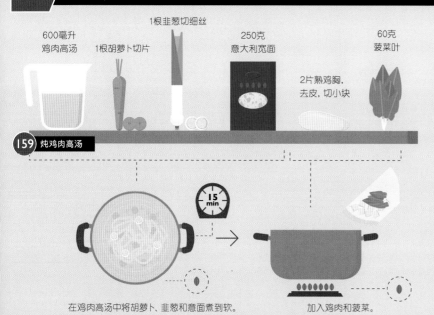

600毫升
鸡肉高汤

1根胡萝卜切片

1根韭葱切细丝

250克
意大利宽面

2片熟鸡胸，
去皮，切小块

60克
菠菜叶

159 炖鸡肉高汤

在鸡肉高汤中将胡萝卜、韭葱和意面煮到软。

加入鸡肉和菠菜。

---

161 烹制帕玛森奶酪汤
cook parmesan soup

600毫升
鸡肉高汤

1块
帕玛森奶酪
外壳

1个
柠檬的汁

250克
意式环饺

159 炖鸡肉高汤

把帕玛森奶酪外壳和柠檬汁加入鸡肉高汤中炖15分钟。
在汤中煮意式环饺到弹牙。挑出帕玛森奶酪外壳。
用帕玛森奶酪屑点缀。

162 准备奶油南瓜汤 prepare pumpkin cream soup

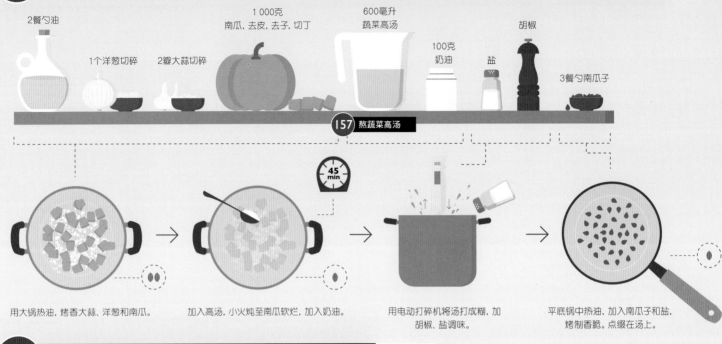

2餐勺油

1个洋葱切碎　　2瓣大蒜切碎

1 000克
南瓜, 去皮, 去子, 切丁

600毫升
蔬菜高汤

100克
奶油

盐

胡椒

3餐勺南瓜子

157 熬蔬菜高汤

45 min

用大锅热油, 烤香大蒜、洋葱和南瓜。

加入高汤, 小火炖至南瓜软烂, 加入奶油。

用电动打碎机将汤打成糊, 加胡椒、盐调味。

平底锅中热油, 加入南瓜子和盐, 烤制香脆。点缀在汤上。

163 制作韭葱土豆汤 make potato and leek soup

164 制作奶油西兰花汤 make broccoli cream soup

2餐勺油

2颗韭葱切片

2个土豆
去皮, 切丁

600毫升
蔬菜浓汤

100克
奶油

盐

胡椒

157 熬蔬菜高汤

用750克西兰花代替韭葱。烹饪方法同韭葱土豆汤。

45 min

大锅中热油, 煸一下韭葱和土豆。

加入高汤小火煨至所有原料软烂。加入奶油。

用电动打碎机将汤打成糊, 加胡椒、盐调味。

✳ 用时萝碎或香葱碎点缀。或用炸培根、烟熏三文鱼把菜品提升一个档次。

165 制作姜味胡萝卜汤 make carrot soup with ginger

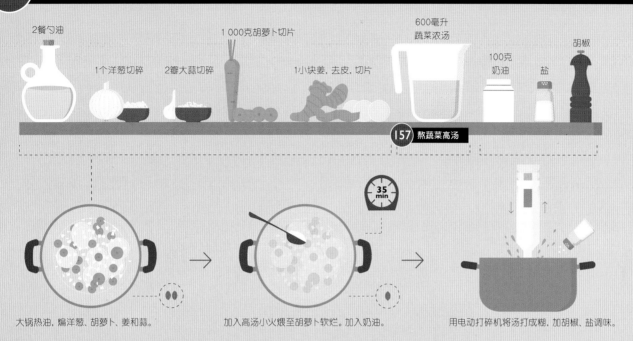

2餐勺油

1个洋葱切碎　2瓣大蒜切碎

1 000克胡萝卜切片

1小块姜, 去皮, 切片

600毫升
蔬菜浓汤

100克
奶油　盐

胡椒

157 熬蔬菜高汤

35 min

大锅热油, 煸洋葱、胡萝卜、姜和蒜。

加入高汤小火煨至胡萝卜软烂。加入奶油。

用电动打碎机将汤打成糊, 加胡椒、盐调味。

166 烹制辣椒红色小扁豆汤 cook red lentil soup with chile

2餐勺油

1个洋葱切碎

1个辣椒切碎

200克
红色小扁豆

1根胡萝卜切片

1个番茄,
去皮, 去子, 切丁

4餐勺柠檬汁

800毫升
蔬菜高汤

盐

胡椒

045 辣椒切末

050 番茄去皮

157 熬蔬菜高汤

40 min

取大号酱汁锅热油, 煸洋葱、辣椒、
小扁豆、胡萝卜和番茄。

加入柠檬汁和高汤, 小火煨到小扁豆软嫩。

用电动打碎机将汤打成糊,
加胡椒、盐调味。

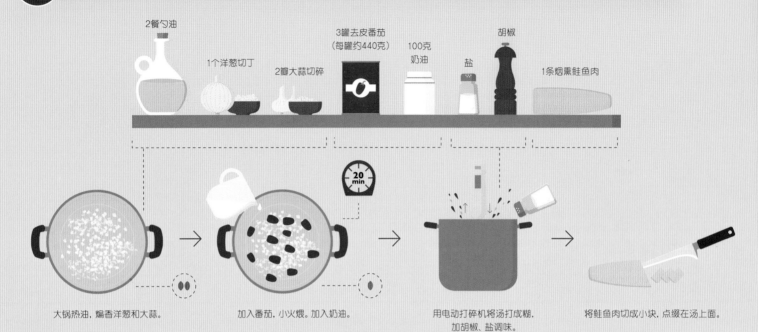

2餐勺油

1个洋葱切丁

2瓣大蒜切碎

3罐去皮番茄（每罐约440克）

100克奶油

盐

胡椒

1条烟熏鲑鱼肉

20 min

大锅热油，煸香洋葱和大蒜。

加入番茄，小火煨。加入奶油。

用电动打碎机将汤打成糊，加胡椒、盐调味。

将鲑鱼肉切成小块，点缀在汤上面。

168 制作青酱蔬菜汤 make vegetable soup with pesto

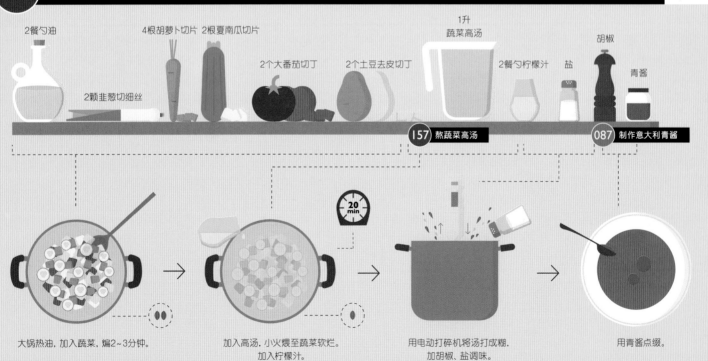

2餐勺油

2颗韭葱切细丝

4根胡萝卜切片

2根夏南瓜切片

2个大番茄切丁

2个土豆去皮切丁

1升蔬菜高汤

2餐勺柠檬汁

盐

胡椒

青酱

157 熬蔬菜高汤

087 制作意大利青酱

20 min

大锅热油，加入蔬菜，煸2~3分钟。

加入高汤，小火煨至蔬菜软烂。加入柠檬汁。

用电动打碎机将汤打成糊，加胡椒、盐调味。

用青酱点缀。

4餐勺油

4个大洋葱切薄圈

1餐勺黑醋

125毫升
干白

2瓣大蒜切碎

600毫升
蔬菜高汤

盐

胡椒

1片陈面包

60克瑞士
格鲁耶尔干酪

157 熬蔬菜高汤

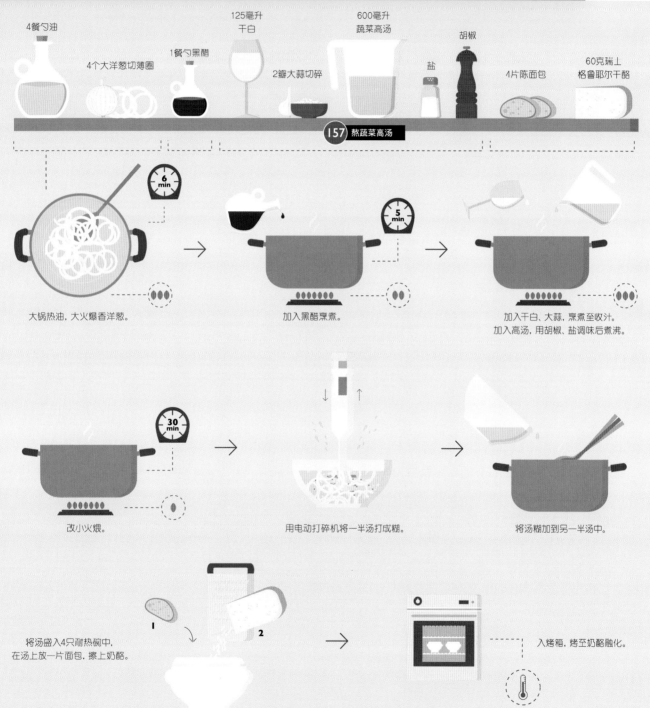

6 min

大锅热油,大火爆香洋葱。

5 min

加入黑醋烹煮。

加入干白、大蒜,烹煮至收汁。
加入高汤,用胡椒、盐调味后煮沸。

30 min

改小火煨。

用电动打碎机将一半汤打成糊。

将汤糊加到另一半汤中。

将汤盛入4只耐热碗中,
在汤上放一片面包,擦上奶酪。

1

2

入烤箱,烤至奶酪融化。

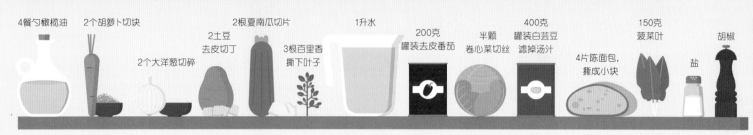

4餐勺橄榄油　2个胡萝卜切块　2个大洋葱切碎　2土豆去皮切丁　2根夏南瓜切片　3根百里香撕下叶子　1升水　200克罐装去皮番茄　半颗卷心菜切丝　400克罐装白芸豆滤掉汤汁　4片陈面包，撕成小块　150克菠菜叶　盐　胡椒

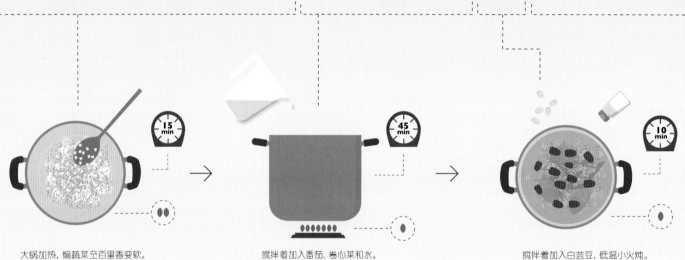

大锅加热，煸蔬菜至百里香变软。

搅拌着加入番茄、卷心菜和水。小火煨。

搅拌着加入白芸豆，低温小火炖。用胡椒、盐调味。

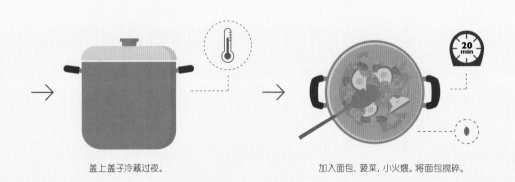

盖上盖子冷藏过夜。

加入面包、菠菜，小火煨。将面包搅碎。

✳ 装盘之前再多滴几滴橄榄油。

171 制作味噌汤 make miso soup

750毫升水

8厘米长的昆布海带

1餐勺木鱼花

2餐勺白味噌酱

❋ 素食餐单可以用3~4枚香菇代替木鱼花。

大锅,将水煮沸,加入昆布海带煮至柔软。

5 min

撤火,取出昆布海带。

搅拌入木鱼花,小火煨。

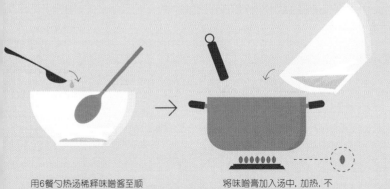

用6餐勺热汤稀释味噌酱至顺滑膏状。

将味噌膏加入汤中,加热,不要加热至沸腾!

172 制作豆腐味噌汤 make miso soup with tofu

100克菠菜叶

100克豆腐丁

在汤中加热切成丁的豆腐和菠菜,至温热。

173 制作比目鱼味噌汤 make miso soup with halibut

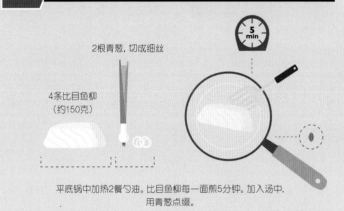

5 min

2根青葱,切成细丝

4条比目鱼柳(约150克)

平底锅中加热2餐勺油。比目鱼柳每一面煎5分钟。加入汤中,用青葱点缀。

174 制作米粉味噌汤 make miso soup with rice vermicelli

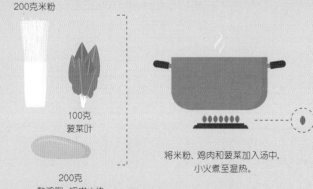

200克米粉

100克菠菜叶

200克熟鸡胸,切成小块

将米粉、鸡肉和菠菜加入汤中,小火煮至温热。

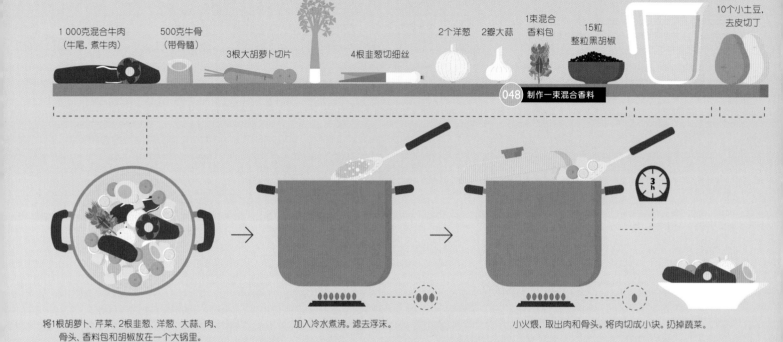

1000克混合牛肉
（牛尾，煮牛肉）

500克牛骨
（带骨髓）

1根芹菜切片

3根大胡萝卜切片

4根韭葱切细丝

2个洋葱

2瓣大蒜

1束混合
香料包

15粒
整粒黑胡椒

3升水

10个小土豆，
去皮切丁

048 制作一束混合香料

将1根胡萝卜、芹菜、2根韭葱、洋葱、大蒜、肉、
骨头、香料包和胡椒放在一个大锅里。

加入冷水煮沸。滤去浮沫。

小火煨，取出肉和骨头。将肉切成小块。扔掉蔬菜。

将汤过滤。

15 min

加2根胡萝卜、2根韭葱和土豆入汤中，
小火煮至软烂。

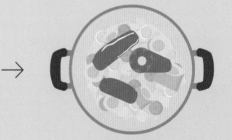

将牛肉和骨髓放回汤中加热。

✳ 装盘时可配山葵、芥末
或小酸黄瓜。

意式杂烩使用1只鸡，500克牛肉，
1根牛舌和1根意大利香肠。

177 煮米饭 cook rice

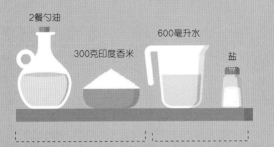

2餐勺油
300克印度香米
600毫升水
盐

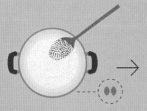

12 min

大锅热油，加入米，
不断搅拌至米粒成半透明。

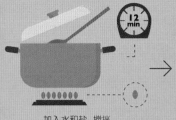

加入水和盐，搅拌，
小火煨至液体彻底被吸收。

5 min

放置，然后用餐叉将米饭挑散。

178 烹制藏红花肉饭 cook saffron pilaf rice

1撮藏红花
1个洋葱切碎
1餐勺红椒粉
400毫升
鸡肉高汤
1根肉桂棒
盐
胡椒

159 炖鸡肉高汤

如上一篇描述，用鸡肉高汤和香料煮米饭。

179 米饭配鸡肉豌豆汤
cook rice and pea soup with chicken

按照前文描述煮制米饭。加入
100克煮好的豌豆和150克熟
的薄切鸡胸肉置于饭上。

180 制作寿司米饭 make sushi rice

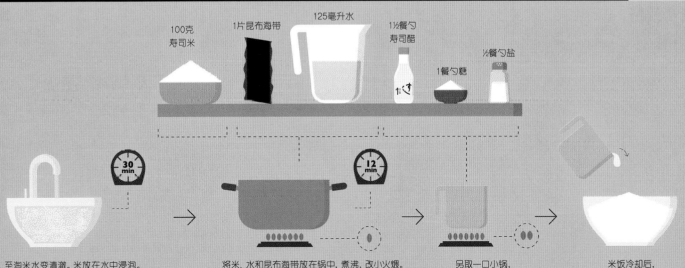

100克
寿司米
1片昆布海带
125毫升水
1½餐勺
寿司醋
1餐勺糖
½餐勺盐

30 min

海米，至淘米水变清澈。米放在水中浸泡。

12 min

将米、水和昆布海带放在锅中，煮沸，改小火煨。

另取一口小锅，
将醋、糖和盐煮沸。

米饭冷却后，
加入醋汁混合液，充分搅拌。

181 制作意式烩饭 make risotto

3餐勺黄油　1个洋葱切碎　350克意式米（中东米或意大利米）　125毫升白葡萄酒　蔬菜高汤（或鸡肉高汤）　1升　胡椒　盐　3餐勺帕玛森奶酪碎

157 熬蔬菜高汤
159 炖鸡肉高汤

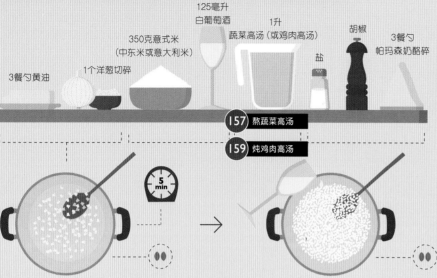

5 min

加热一半黄油，加入洋葱，烹至软烂。

加入大米，不断搅拌至米粒呈半透明状。加入白葡萄酒，不断搅拌至彻底吸收。

15 min

慢慢加入高汤，小火煨，不停搅拌至液体被吸收，再加入高汤。米粒应外表柔软，中间略硬。

加入帕玛森奶酪和剩下的黄油。用胡椒、盐调味。意式烩饭应该奶香浓滑。如有需要可再加入一些高汤。

182 制作米兰烩饭 make risotto alla Milanese

125毫升白葡萄酒　20根藏红花丝

将藏红花加入葡萄酒中烹煮后加入意式烩饭中。

183 制作香槟意式烩饭 make champagne risotto

125毫升香槟

用香槟取代白葡萄酒。装盘之前加入少量香槟。

184 制作红酒意式烩饭 make red wine risotto

200毫升红酒　200克炸意式香肠，切片

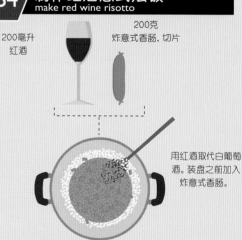

用红酒取代白葡萄酒。装盘之前加入炸意式香肠。

185 制作芦笋意式烩饭 make asparagus risotto

200克芦笋　125毫升白葡萄酒

15 min

芦笋去皮，在白葡萄酒中把芦笋皮煮一下后取出。将汤汁加在烩饭中。

芦笋切小块，撤火前10分钟加入烩饭中。

186 煮土豆 cook potatoes

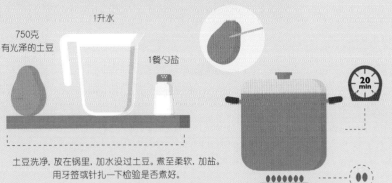

750克
有光泽的土豆

1升水

1餐勺盐

20 min

土豆洗净,放在锅里,加水没过土豆。煮至柔软,加盐。
用牙签或针扎一下检验是否煮好。

187 煮咸味黄油土豆 cook salty potatoes with butter

土豆

黄油

盐

将煮熟的土豆装盘,不用去皮,
用黄油和盐点缀。

188 煮咸味土豆 cook potatoes with salt

土豆   盐

土豆去皮,切成四角

水煮沸,加入2餐勺盐,
煮至土豆柔软。

189 制作土豆沙拉 cook a potato salad

6餐勺油

3餐勺醋

1撮糖   盐   胡椒

1个小洋葱切碎

土豆煮至柔软,冷却,
去皮,切块。

将所有原料搅拌在一
起调成酱汁。

把酱汁倒在室温的土豆
上,入味。

190 制作蛋黄酱土豆沙拉 cook a potato salad with mayonnaise

2根大的
酸黄瓜

2餐勺水瓜柳

1个小洋葱
切碎

6餐勺蛋黄酱

2餐勺酸奶

080 制作蛋黄酱

土豆带皮煮至柔软,冷却后去皮切块。

将所有原料搅拌在一起加入土豆中。

109

191 制作土豆泥 make mashed potatoes

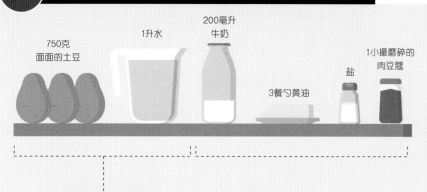

750克
面面的土豆　　　1升水　　200毫升牛奶　　　3餐勺黄油　　盐　　1小撮磨碎的肉豆蔻

土豆煮软。

冷却,去皮。

用压滤器将土豆压成泥。

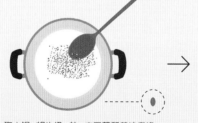

取小锅,将牛奶、盐、肉豆蔻和黄油煮沸。

慢慢地将牛奶糊加入土豆泥中。
土豆泥应该浓稠顺滑。根据需要加盐。

✳ 不要用电动打碎机或搅拌器打土豆,土豆泥会过度黏稠。

192 制作韭葱土豆泥
make mashed potatoes with leeks

250毫升牛奶

200克韭葱,洗净,切成细丝　　2根春葱,切成细丝

牛奶中加入韭葱、一小撮肉豆蔻和盐,煮至柔软。搅拌。加入压碎的土豆,制成顺滑的土豆泥。用春葱点缀。

193 用块根芹烹制土豆泥
make mashed potatoes with celeriac

将250克去皮土豆和250克块根芹一起煮至柔软,后面操作流程同普通土豆泥。

194 加橄榄的土豆泥
make mashed potatoes with olives

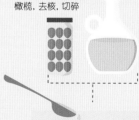

2餐勺橄榄油

80克橄榄,去核,切碎

装盘前将橄榄油和橄榄碎掺入土豆泥。

195 准备荷兰酱 prepare hollandaise sauce

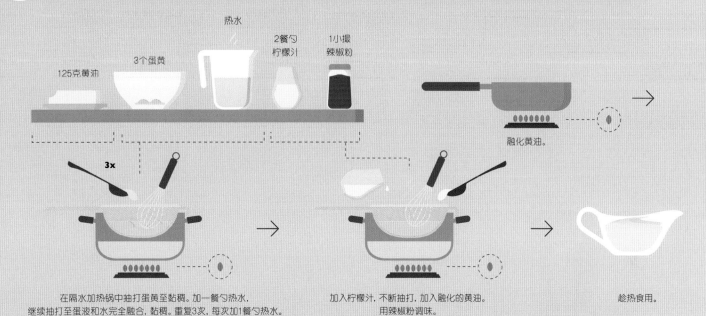

125克黄油　3个蛋黄　热水　2餐勺柠檬汁　1小撮辣椒粉

3x

融化黄油。

在隔水加热锅中抽打蛋黄至黏稠。加一餐勺热水，
继续抽打至蛋液和水完全融合，黏稠。重复3次，每次加1餐勺热水。

加入柠檬汁，不断抽打，加入融化的黄油。
用辣椒粉调味。

趁热食用。

196 烹制贝尔内酱 cook béarnaise sauce

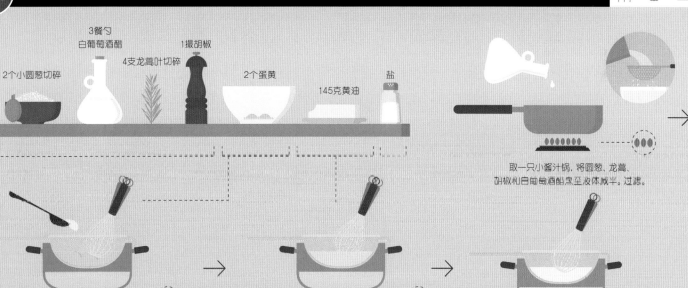

2个小圆葱切碎　3餐勺白葡萄酒醋　4支龙蒿叶切碎　1撮胡椒　2个蛋黄　145克黄油　盐

取一只小酱汁锅，将圆葱、龙蒿、
胡椒和白葡萄酒醋烹至液体减半，过滤。

在隔水加热锅中抽打蛋黄至黏稠。
不断抽打，加入醋汁。

将⅔的黄油切成小块，加入，不断抽打。

撤火，加入最后⅓的黄油。
酱汁应该是蓬松但黏稠的。用盐调味。

30克面粉　500毫升牛奶　胡椒　1撮豆蔻粉

盐

3餐勺黄油

5 min

黄油融化，将面粉搅拌着倒入，
形成奶油面糊。

不断抽打，
缓缓地向面糊中倒入冷牛奶。

用胡椒、盐和豆蔻粉调味。

125克干酪
（比如瑞士艾曼特尔奶酪），磨碎

将奶酪加入贝夏梅尔白汁中，
抽打至完全融化。

✳ 此款酱汁极其适合做焗
蔬菜上的酱汁。

---

199 煮中东小米饭 cook couscous

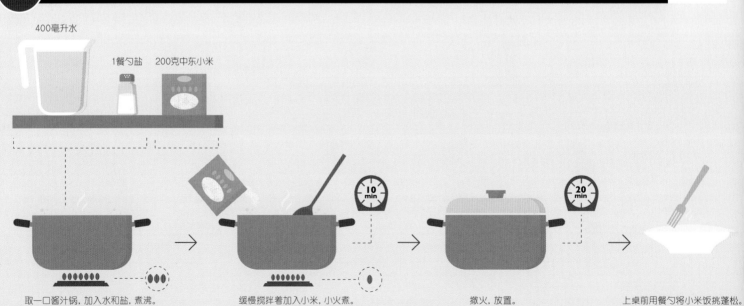

400毫升水

1餐勺盐　200克中东小米

10 min

20 min

取一口酱汁锅，加入水和盐，煮沸。

缓慢搅拌着加入小米，小火煮。

撤火，放置。

上桌前用餐勺将小米饭挑蓬松。

中东小米饭配蔬菜 cook couscous with vegetables

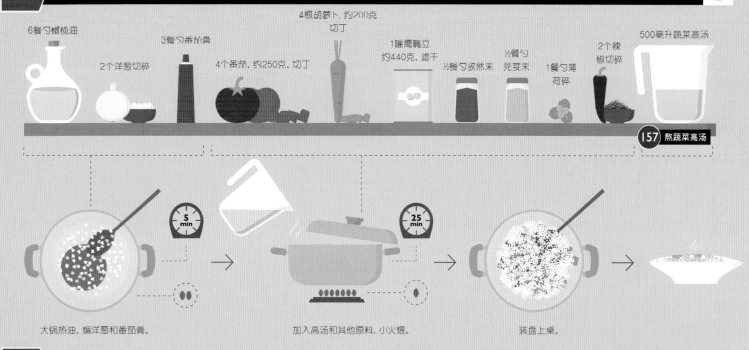

6餐勺橄榄油

2个洋葱切碎

3餐勺番茄膏

4个番茄, 约250克, 切丁

4根胡萝卜, 约200克 切丁

1罐鹰嘴豆 约440克, 滤干

½餐勺孜然末

½餐勺芫荽末

1餐勺薄荷碎

2个辣椒切碎

500毫升蔬菜高汤

157 熬蔬菜高汤

5 min

25 min

大锅热油, 煸洋葱和番茄膏。

加入高汤和其他原料, 小火煨。

装盘上桌。

201 中东小米饭配羊肉 cook couscous with lamb

4餐勺油

1个小洋葱切碎

500克 羊肉, 切小块

3餐勺番茄膏

300毫升 鸡肉高汤

200克 胡萝卜, 切块

1个柿子椒切丁

159 炖鸡肉高汤

5 min

45 min

大锅热油, 煸洋葱, 放进肉, 把肉的每个切面都煎一下。加入番茄膏, 烹制5分钟。

加入高汤、胡萝卜和柿子椒。

装盘上桌。

202 中东小米饭配鸡肉串 cook couscous with chicken skewers

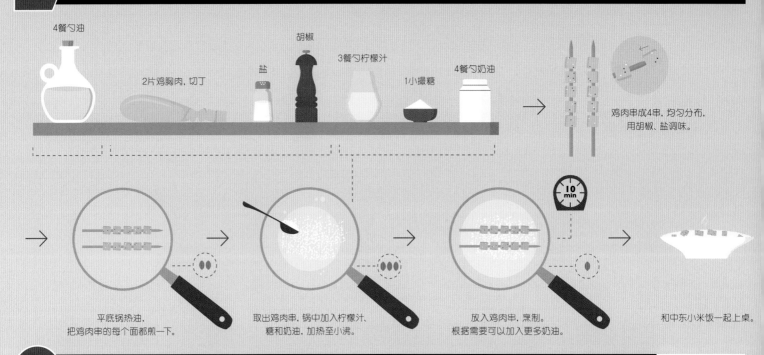

4餐勺油

2片鸡胸肉，切丁

盐

胡椒

3餐勺柠檬汁

1小撮糖

4餐勺奶油

鸡肉串成4串，均匀分布。
用胡椒、盐调味。

平底锅热油，
把鸡肉串的每个面都煎一下。

取出鸡肉串，锅中加入柠檬汁、
糖和奶油，加热至小沸。

10 min

放入鸡肉串，烹制。
根据需要可以加入更多奶油。

和中东小米饭一起上桌。

203 炖咖喱小扁豆 cook curried lentil stew

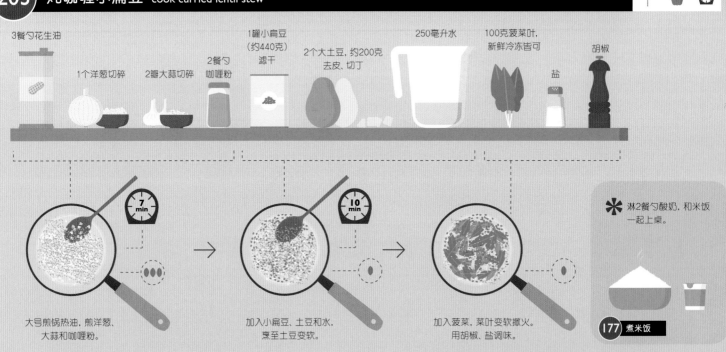

3餐勺花生油

1个洋葱切碎

2瓣大蒜切碎

2餐勺咖喱粉

1罐小扁豆（约440克）滤干

2个大土豆，约200克去皮，切丁

250毫升水

100克菠菜叶，新鲜冷冻皆可

盐

胡椒

7 min

大号煎锅热油，煎洋葱、
大蒜和咖喱粉。

10 min

加入小扁豆、土豆和水，
烹至土豆变软。

加入菠菜，菜叶变软撤火。
用胡椒、盐调味。

✱ 淋2餐勺酸奶，和米饭
一起上桌。

177 煮米饭

3餐勺油

2颗春葱
切成细丝

150克
冻豌豆,解冻

1个青色柿子椒
切丁

5个蘑菇,洗净,切片

400克
鸡胸肉,切丁

1餐勺
泰式绿咖喱膏

1罐椰奶
(约430毫升)

✳ 可以用火鸡代替鸡肉,和
米饭一起上桌。

177 煮米饭

5 min

大号平底锅热油,煎春葱、
豌豆、柿子椒和蘑菇。

加入肉,将肉的每个切面都煸一下。

用3餐勺椰奶调和咖喱膏。

将咖喱糊和剩下的椰浆倒入锅中。
小火煮至肉变熟。

1餐勺油

2餐勺红咖喱膏

1罐椰奶
(约430毫升)

2餐勺蚝油

2餐勺酱油

2餐勺鱼露

2片泰国青柠叶切碎

2支
泰国罗勒,切一下

400克
虾,去皮

250克大白菜,切丝

061 剥虾去沙线

✳ 如果汤汁太稀,可以加入奶
油或椰奶调和。

✳ 配米饭食用。

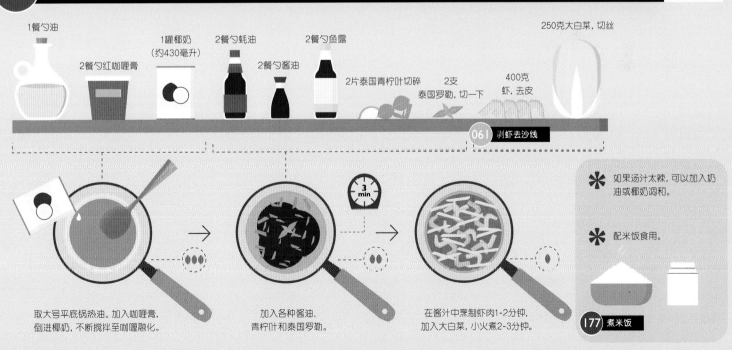

取大号平底锅热油。加入咖喱膏,
倒进椰奶,不断搅拌至咖喱融化。

加入各种酱油,
青柠叶和泰国罗勒。

3 min

在酱汁中烹制虾肉1-2分钟,
加入大白菜,小火煮2-3分钟。

177 煮米饭

206 烹制印度鹰嘴豆咖喱 cook Indian chickpea curry

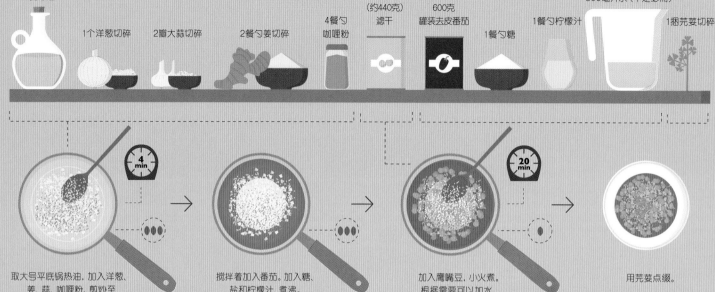

2餐勺油

1个洋葱切碎　　　2瓣大蒜切碎　　　2餐勺姜切碎　　　4餐勺咖喱粉

1罐鹰嘴豆（约440克）滤干　　600克罐装去皮番茄　　1餐勺糖　　1餐勺柠檬汁　　300毫升水（不是必需）　　1捆芫荽切碎

4 min　　**20 min**

取大号平底锅热油，加入洋葱、姜、蒜、咖喱粉，煎炒至混合物呈金黄色。

搅拌着加入番茄。加入糖、盐和柠檬汁，煮沸。

加入鹰嘴豆，小火煮。根据需要可以加水。

用芫荽点缀。

✳ 配米饭食用。　　177 煮米饭

207 煮芦笋 boil asparagus

1 000克芦笋白色青色皆可　　1升水　　盐　　3餐勺柠檬汁　　1餐勺糖　　1餐勺黄油　　1片陈面包

188 煮咸味土豆

195 准备荷兰酱

196 烹制贝尔内酱

✳ 将芦笋平整码放好，淋上荷兰酱或贝尔内酱，和土豆一起食用。

10 min　　**6 min**

白芦笋去皮。青芦笋根据需要去皮。切掉根部。

将芦笋皮、根部和其他原料一起在冷水中煮沸，冷却。

取出芦笋皮和根。

加入芦笋，小火煮6-10分钟（根据芦笋粗细程度而定），至芦笋变软。可以用针刺测试芦笋是否煮好。

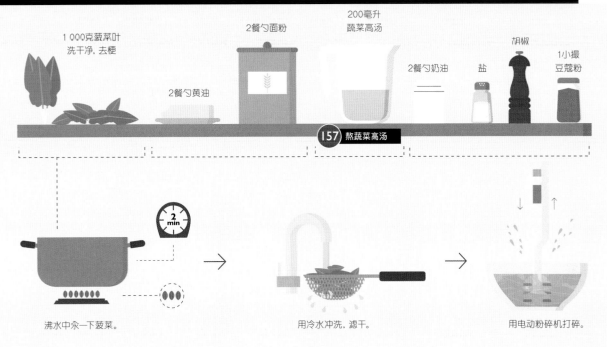

1 000克菠菜叶
洗干净, 去梗

2餐勺面粉

200毫升
蔬菜高汤

胡椒

1小撮
豆蔻粉

2餐勺黄油

2餐勺奶油

盐

157 熬蔬菜高汤

2 min

沸水中汆一下菠菜。

用冷水冲洗, 滤干。

用电动粉碎机打碎。

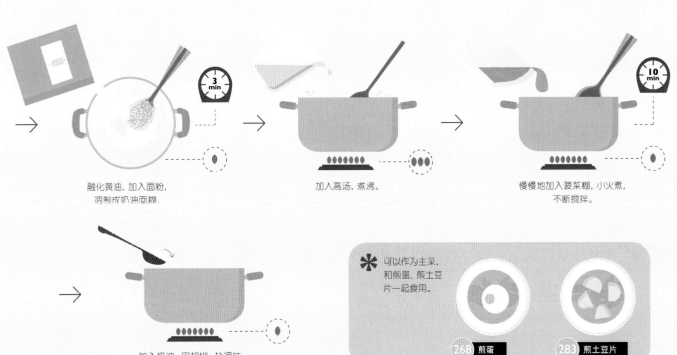

3 min

融化黄油, 加入面粉,
调制成奶油面糊。

加入高汤, 煮沸。

10 min

慢慢地加入菠菜糊, 小火煮,
不断搅拌。

加入奶油, 用胡椒、盐调味。

✳ 可以作为主菜,
和煎蛋、煎土豆
片一起食用。

268 煎蛋

283 煎土豆片

117

209 嫩炒四季豆 blanch green beans

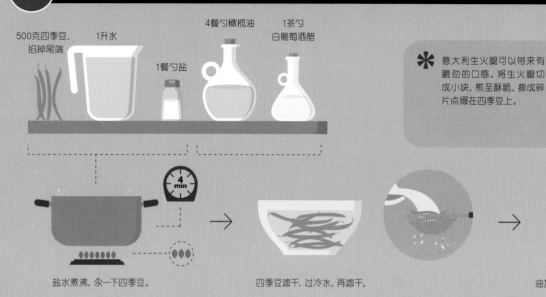

500克四季豆, 掐掉尾端　　1升水　　1餐勺盐　　4餐勺橄榄油　　1茶勺白葡萄酒醋

✳ 意大利生火腿可以带来有嚼劲的口感。将生火腿切成小块,煎至酥脆,撕成碎片点缀在四季豆上。

4 min

盐水煮沸,汆一下四季豆。

四季豆滤干,过冷水,再滤干。

油加热后放入四季豆,转小火煎。加入醋。

210 制作鼠尾草白芸豆 cook white beans with sage

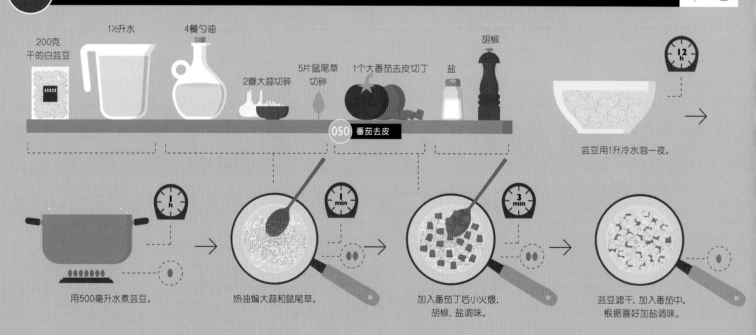

200克干的白芸豆　　1½升水　　4餐勺油　　2瓣大蒜切碎　　5片鼠尾草切碎　　1个大番茄去皮切丁　　盐　　胡椒

050 番茄去皮

12 h

芸豆用1升冷水泡一夜。

1 h

用500毫升水煮芸豆。

1 min

热油煸大蒜和鼠尾草。

3 min

加入番茄丁后小火煨,胡椒、盐调味。

芸豆滤干,加入番茄中。根据喜好加盐调味。

600克西兰花，拆成6厘米有2个枝左右的小朵

2餐勺油

2瓣大蒜切碎

1个小辣椒，切细丝

盐

500克菜花，拆成小朵

盐

奶酪贝夏梅尔酱汁

198 制作奶酪贝夏梅尔白汁

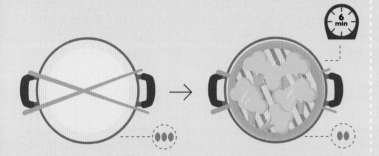

锅中煮水，锅上面架一个蒸屉。

6 min

加入西兰花，盖上盖子，蒸。

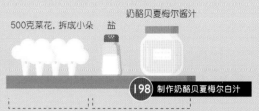

锅中煮水，锅上面架一个蒸屉。

4 min

加入菜花，根据大小蒸4~7分钟。

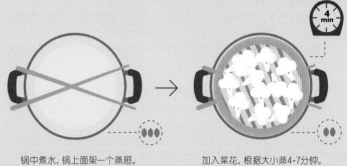

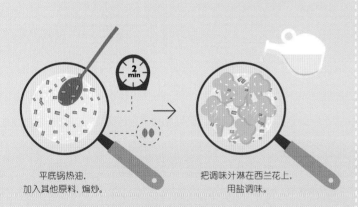

2 min

平底锅热油，加入其他原料，煸炒。

把调味汁淋在西兰花上，用盐调味。

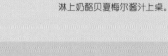

将菜花码放平整，用盐调味，淋上奶酪贝夏梅尔酱汁上桌。

＊ 蒸屉对于其他蔬菜比如菠菜、芦笋也是很好的烹饪方法。

＊ 把菜花放进焗碗，覆盖一层奶酪贝夏梅尔酱，撒上3餐勺擦碎的干酪，在烤箱中焗至金黄色。

7 min

200℃

213 水煮三文鱼 poach salmon

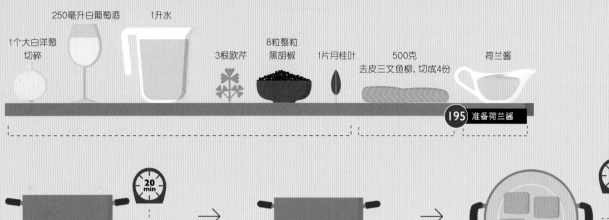

1个大白洋葱切碎

250毫升白葡萄酒　1升水

3根欧芹

8粒整粒黑胡椒　1片月桂叶

500克去皮三文鱼柳,切成4份

荷兰酱

195 准备荷兰酱

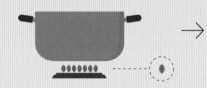

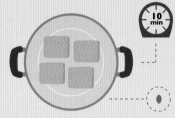

20 min

水中加入洋葱、白葡萄酒、欧芹、胡椒粒和月桂叶。

改小火——水不要煮沸。

10 min

加入鱼肉,煮10分钟(假设鱼肉2.5厘米厚)。搭配荷兰酱上桌。

214 煮芝麻甜豆 cook sugar pea pods with sesame

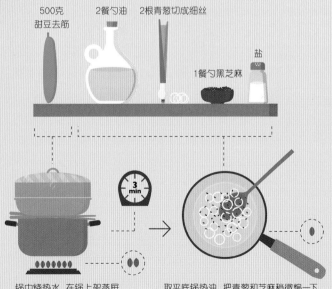

500克甜豆去筋

2餐勺油

2根青葱切成细丝

1餐勺黑芝麻

盐

3 min

锅中烧热水,在锅上架蒸屉。加入甜豆,蒸至脆嫩。

取平底锅热油,把青葱和芝麻稍微煸一下。撒在甜豆上。

215 做热狗 make a hot dog

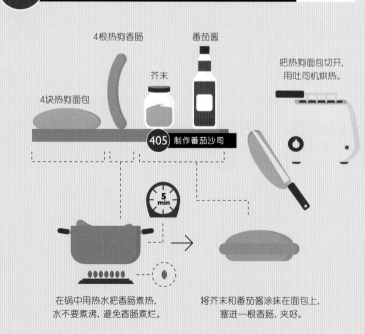

4根热狗香肠

番茄酱

芥末

把热狗面包切开,用吐司机烘热。

4块热狗面包

405 制作番茄沙司

5 min

在锅中用热水把香肠煮热,水不要煮沸,避免香肠煮烂。

将芥末和番茄酱涂抹在面包上,塞进一根香肠,夹好。

✳ 可以在面包中加入菜丝沙拉　123 制作菜丝沙拉

2餐勺水
250克
冷冻小红莓
60克糖
2餐勺
柠檬汁
1撮盐

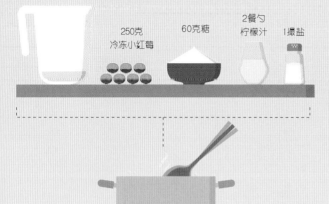

100克
黑巧克力
75毫升
牛奶
100克
奶油

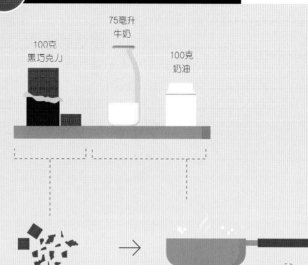

所有原料一起烹煮, 不断搅拌至糖完全溶解。

黑巧克力切成小块。

取小号酱汁锅,
放入牛奶和奶油煮沸, 撤火。

加入巧克力,
搅拌至彻底溶解。

用电动打碎机将原料打成浆。

再次加热, 装盘上桌。

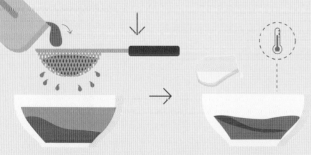

过滤去子。

用糖和柠檬汁调味。冷藏。

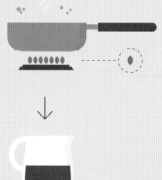

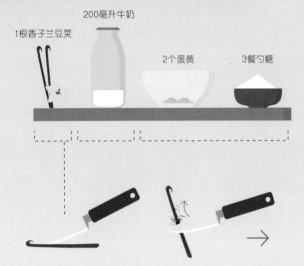

将豆荚划成两条，用刀背划取香子兰籽。

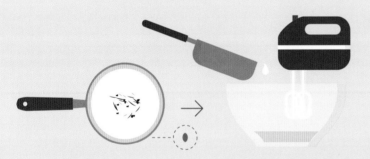

取酱汁锅加热牛奶和香子兰籽。
撤火，冷却。

将蛋黄和糖搅打至混合。一点点抽打
混合至三分之一的香子兰牛奶中。

将混合液加入锅中剩下的牛奶中。不断抽打，保持液
体临近沸腾。但不要让酱汁沸腾。

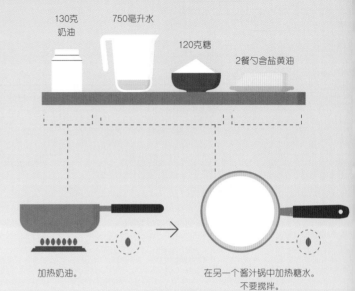

加热奶油。

在另一个酱汁锅中加热糖水。
不要搅拌。

糖汁呈琥珀色马上撤火。搅入奶油。

再次加热焦糖至沸腾，继续煮3分钟，搅入黄油。冷
却后酱汁会变得黏稠。

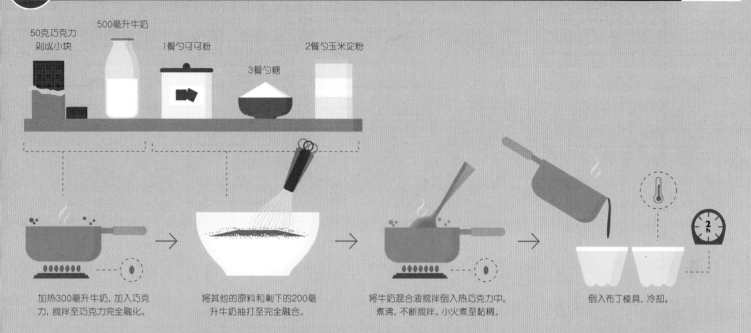

50克巧克力
剁成小块

500毫升牛奶

1餐勺可可粉

3餐勺糖

2餐勺玉米淀粉

加热300毫升牛奶, 加入巧克力, 搅拌至巧克力完全融化。

将其他的原料和剩下的200毫升牛奶抽打至完全融合。

将牛奶混合液搅拌倒入热巧克力中。煮沸, 不断搅拌。小火煮至黏稠。

倒入布丁模具, 冷却。

221 准备云呢拿布丁 prepare vanilla pudding

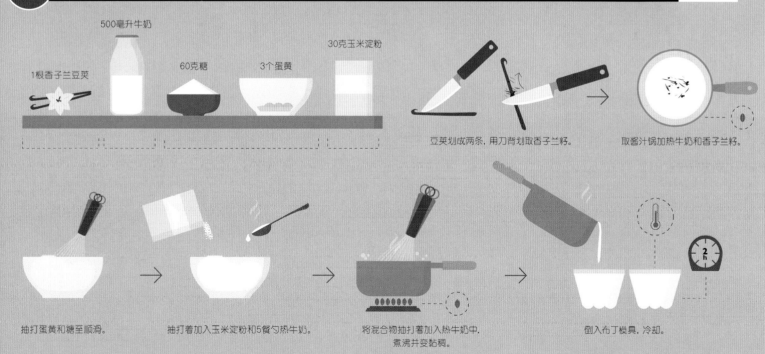

500毫升牛奶

1根香子兰豆荚

60克糖

3个蛋黄

30克玉米淀粉

豆荚划成两条, 用刀背划取香子兰籽。

取酱汁锅加热牛奶和香子兰籽。

抽打蛋黄和糖至顺滑。

抽打着加入玉米淀粉和5餐勺热牛奶。

将混合物抽打着加入热牛奶中。煮沸并变黏稠。

倒入布丁模具, 冷却。

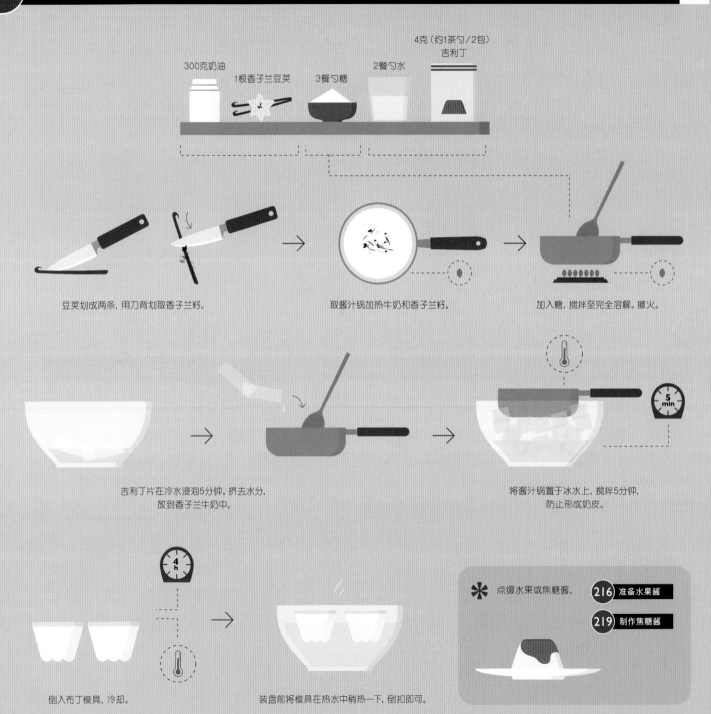

300克奶油 1根香子兰豆荚 3餐勺糖 2餐勺水 4克（约1茶勺/2包）吉利丁

豆荚划成两条，用刀背划取香子兰籽。

取酱汁锅加热牛奶和香子兰籽。

加入糖，搅拌至完全溶解。撤火。

吉利丁片在冷水浸泡5分钟。挤去水分，放到香子兰牛奶中。

将酱汁锅置于冰水上，搅拌5分钟，防止形成奶皮。

倒入布丁模具，冷却。

装盘前将模具在热水中稍热一下，倒扣即可。

点缀水果或焦糖酱。

216 准备水果酱

219 制作焦糖酱

223 米布丁 prepare rice pudding

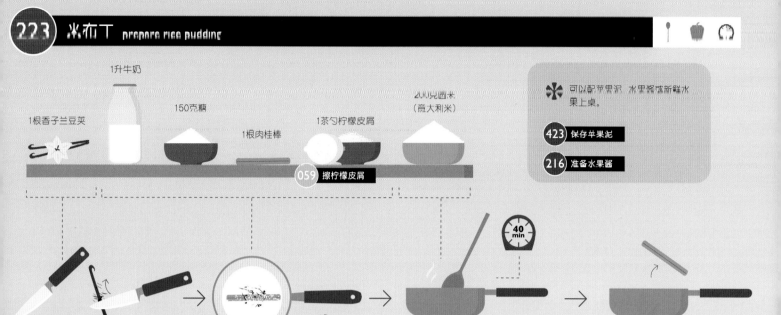

1根香子兰豆荚　　1升牛奶　　150克糖　　1根肉桂棒　　1茶勺柠檬皮屑　　200克圆米（意大利米）

059 擦柠檬皮屑

可以配苹果泥、水果酱或新鲜水果上桌。

423 保存苹果泥
216 准备水果酱

40 min

豆荚划成两条，用刀背划取香子兰籽。

取酱汁锅，将香子兰籽和其他原料混合煮沸。

慢慢地搅入大米，小火煮。

取出肉桂棒。冷热皆可食用。

224 红色水果冻 cook red fruit jello

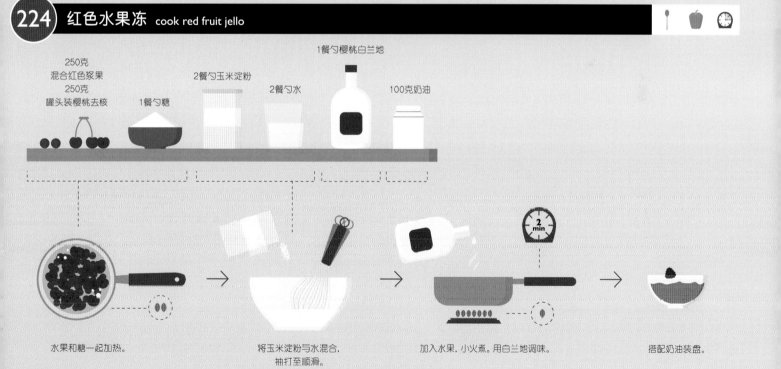

250克混合红色浆果　250克罐头装樱桃去核　1餐勺糖　2餐勺玉米淀粉　2餐勺水　1餐勺樱桃白兰地　100克奶油

2 min

水果和糖一起加热。

将玉米淀粉与水混合，抽打至顺滑。

加入水果，小火煮。用白兰地调味。

搭配奶油装盘。

烤

roast

225 烤鸡 roast a chicken

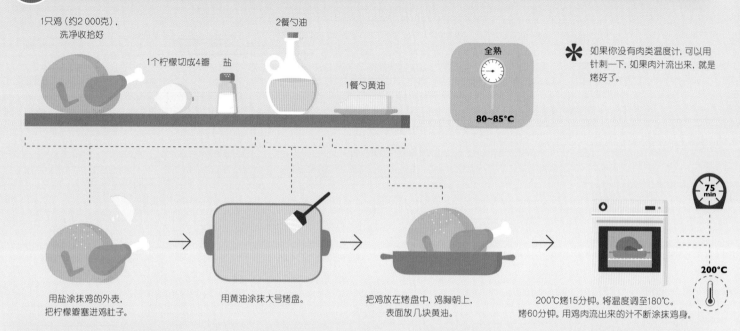

1只鸡(约2 000克),
洗净收拾好

1个柠檬切成4瓣　盐

2餐勺油

1餐勺黄油

全熟
80~85℃

✳ 如果你没有肉类温度计,可以用
针刺一下,如果肉汁流出来,就是
烤好了。

用盐涂抹鸡的外表,
把柠檬瓣塞进鸡肚子。

用黄油涂抹大号烤盘。

把鸡放在烤盘中,鸡胸朝上,
表面放几块黄油。

75 min

200℃

200℃烤15分钟。将温度调至180℃。
烤60分钟。用鸡肉流出来的汁不断涂抹鸡身。

226 烤填馅鸡胸 cook filled chicken breasts

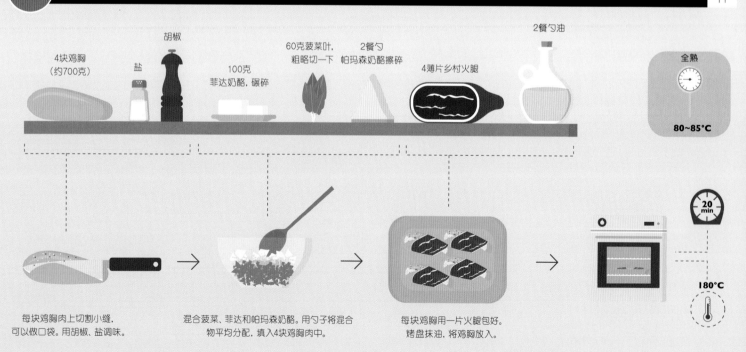

4块鸡胸
(约700克)

盐　胡椒

100克
菲达奶酪,碾碎

60克菠菜叶,
粗略切一下

2餐勺
帕玛森奶酪擦碎

4薄片乡村火腿

2餐勺油

全熟
80~85℃

每块鸡胸肉上切割小缝,
可以做口袋。用胡椒、盐调味。

混合菠菜、菲达和帕玛森奶酪。用勺子将混合
物平均分配,填入4块鸡胸肉中。

每块鸡胸用一片火腿包好。
烤盘抹油,将鸡胸放入。

20 min

180℃

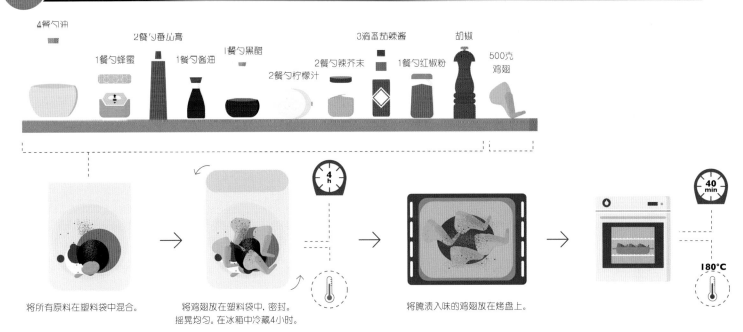

4餐勺油

2餐勺番茄膏

1餐勺蜂蜜　1餐勺酱油　1餐勺果醋

3滴墨西哥辣酱　胡椒

2餐勺柠檬汁　2餐勺辣芥末　1餐勺红椒粉　500克鸡翅

将所有原料在塑料袋中混合。

将鸡翅放在塑料袋中，密封。摇晃均匀。在冰箱中冷藏4小时。

将腌渍入味的鸡翅放在烤盘上。

180°C

40 min

1只火鸡，清洗收拾干净

黄油

最初是古罗马人想出的这个求好运的传统，如今成了全美国感恩节时餐桌上的传统。两个人分别捏住许愿骨（锁骨）的两端，一起掰，掰到长段的一方将得到好运祝福。

全熟

85°C

将黄油涂抹在鸡皮上。

将鸡翅反转，将鸡腿捆在一起。

将火鸡放入烤盘，鸡胸朝上。用锡纸覆盖表面。每45分钟用烤盘中流出的肉汁涂抹烤鸡。

撤火前1小时去掉锡纸继续烤制。

160°C

4 h

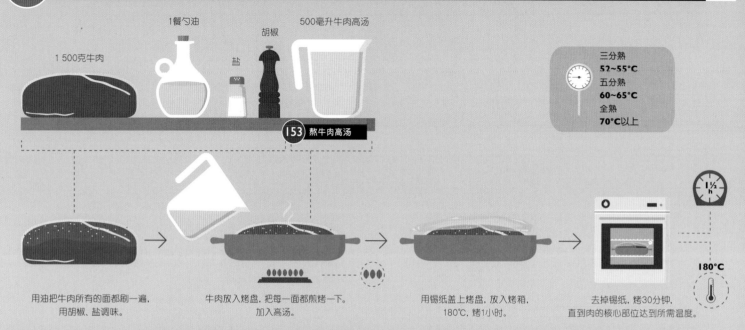

1 500克牛肉　　1餐勺油　　盐　　胡椒　　500毫升牛肉高汤

153 熬牛肉高汤

三分熟
52~55°C
五分熟
60~65°C
全熟
70°C以上

1½ h

180°C

用油把牛肉所有的面都刷一遍，
用胡椒、盐调味。

牛肉放入烤盘，把每一面都煎烤一下。
加入高汤。

用锡纸盖上烤盘，放入烤箱，
180°C，烤1小时。

去掉锡纸，烤30分钟，
直到肉的核心部位达到所需温度。

230 烤招牌牛腰肉 roast a porterhouse steak

2餐勺黄油　　盐　　1份招牌牛腰肉
（约1千克，3厘米厚）

用烤盘高温融化黄油。

将牛排的一面进行煎烤，
翻面后马上把盘子放入烤箱。

三分熟
52~55°C
五分熟
60~65°C
全熟
70°C以上

10 min

230°C

10分钟后牛排就五分熟了。

将牛肉在温暖处放置5分钟，
将腰肉和里脊肉切成片，装盘。

231 烤羊排 roast lamb racks

2餐勺油

盐　1餐勺 1餐勺　2块羊排
百里香切碎 芥末　（约700克, 每块包括7~8根肋骨）

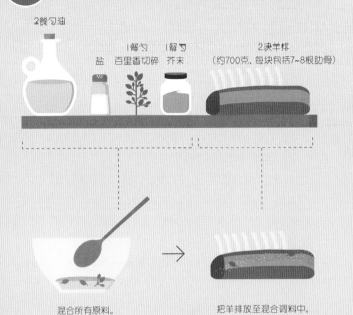

混合所有原料。

把羊排放至混合调料中。

座烤盘中两面煎一下。

20 min

130°C

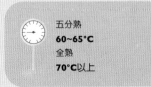

五分熟
60~65°C
全熟
70°C以上

232 锡纸包小牛肉 prepare veal in foil

2餐勺油

1餐勺盐　1 000克小牛腰肉

半熟

75~80°C

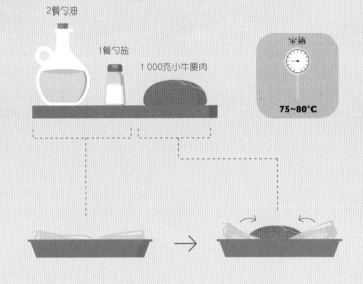

烤盘里垫锡纸, 用油和盐抹一下。

将肉放入烤盘。

裹上锡纸。

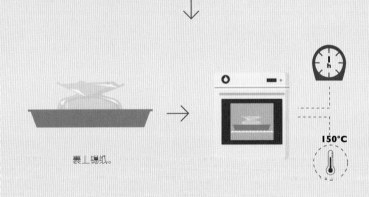

150°C

✳ 可用于制作意大利牛肉薄　✳ 将肉汁保留, 冻在冰格中, 作
切配凤尾鱼汁。　　　　　　为调味肉汁使用。

100 制作意大利牛肉薄切配凤尾鱼汁

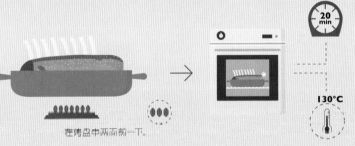

233　烤猪排 roast pork loin

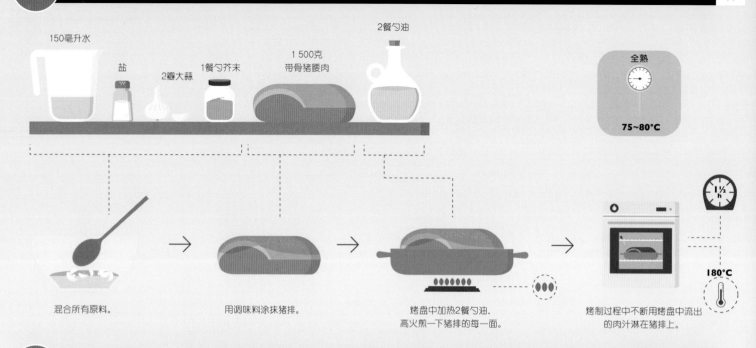

150毫升水

盐

2瓣大蒜

1餐勺芥末

1 500克
带骨猪腰肉

2餐勺油

全熟

75~80°C

1½ h

180°C

混合所有原料。

用调味料涂抹猪排。

烤盘中加热2餐勺油，
高火煎一下猪排的每一面。

烤制过程中不断用烤盘中流出
的肉汁淋在猪排上。

234　韭葱番茄烤鳕鱼 prepare cod with tomatoes and leeks

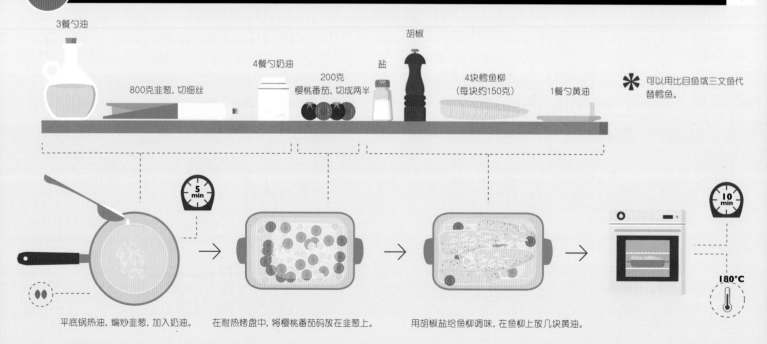

3餐勺油

800克韭葱，切细丝

4餐勺奶油

200克
樱桃番茄，切成两半

盐

胡椒

4块鳕鱼柳
（每块约150克）

1餐勺黄油

✳ 可以用比目鱼或三文鱼代
替鳕鱼。

5 min

10 min

180°C

平底锅热油，煸炒韭葱，加入奶油。

在耐热烤盘中，将樱桃番茄码放在韭葱上。

用胡椒盐给鱼柳调味，在鱼柳上放几块黄油。

番茄顶部切下一薄片,
去沙瓤。剩余保留。

2个夏南瓜　3餐勺油

4个番茄

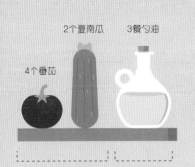

夏南瓜切成两半,去芯,
留下约2厘米厚的边缘。剩余保留。

用油涂抹烤盘,
将番茄和夏南瓜放在烤盘中。

预烤一下,
塞入肉或米饭后继续烘烤。

180°C

236 肉馅蔬菜盅 stuff vegetables with ground meat

1餐勺帕玛森
奶酪
100克
混合肉馅
胡椒

1餐勺面包屑　1个鸡蛋　　　　　　盐

1餐勺黄油

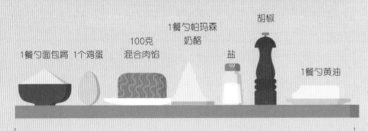

将肉馅、面包屑、鸡蛋、
帕玛森奶酪混合。
用胡椒、盐调味。

将肉馅塞进蔬菜盅里。

顶部放上小块黄油。

45 min

180°C

237 米饭蔬菜盅 stuff vegetables with rice

0餐勺熟米饭

胡椒

2餐勺
香草切碎

4~5餐勺
奶油

1餐勺葡萄干　1餐勺松子　　盐

177 煮米饭

将所有原料混合。

将米饭塞进蔬菜盅。

45 min

180°C

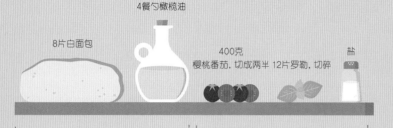

4餐勺橄榄油

8片白面包

400克
樱桃番茄,切成两半 12片罗勒,切碎

盐

✱ 蒜香烤面包用半瓣大蒜涂抹热面包,淋上橄榄油,用胡椒、盐调味。

烤盘垫烘焙纸,将面包码放在纸上。

滴上橄榄油,烤至酥脆。

将樱桃番茄和罗勒搅拌在一起,用盐调味。

将调味番茄放在面包上。

2餐勺葵花子油

500克甜薯
去皮,切条

1餐勺葛缕子末 盐

胡椒

✱ 是烤肉类菜肴的完美配菜。

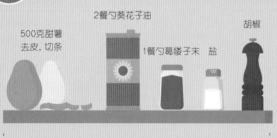

将油淋在甜薯条上,加入葛缕子,用胡椒、盐调味。

烤盘铺烘焙纸,将薯条码放好。

每10分钟翻一下。

上桌前用盐调味。

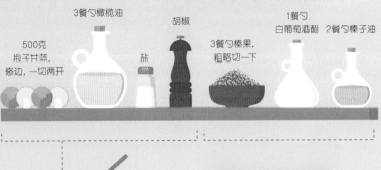

3餐勺橄榄油

胡椒

500克
抱子甘蓝，
修边，一切两开

盐

3餐勺榛果，
粗略切一下

1餐勺
白葡萄酒醋　2餐勺榛子油

2餐勺油

胡椒

3餐勺
帕玛森奶酪末

4瓣大蒜，
6个鸡蛋　压碎

盐

鸡蛋中加入大蒜、盐、
胡椒和帕玛森奶酪，抽打。

抱子甘蓝淋上油，用胡椒、盐调味。

烤盘铺烘焙纸，将抱子甘蓝码放好。

用2餐勺油涂抹焗碗，倒入蛋液。

30 min

200℃

烤制过程中翻几次。

在烤熟的抱子甘蓝中加入榛子，淋上醋和榛子油。

15 min

160℃

在烤箱中烤至鸡蛋凝固。

3餐勺橄榄油

胡椒

375克
樱桃番茄（黄色和红色）

2餐勺
圆葱切碎

盐

15 min

200℃

将番茄、圆葱和油放入烤盘，用胡椒、盐调味。　烤时翻几次。

❋ 是意式烤面包的完美组合。

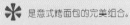

243 烤蔬菜 roast vegetables

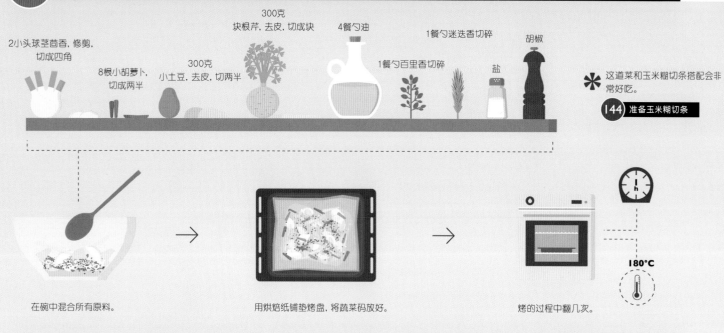

2小头球茎茴香, 修剪,
切成四角

8根小胡萝卜,
切成两半

300克
小土豆, 去皮, 切两半

300克
块根芹, 去皮, 切成块

4餐勺油

1餐勺迷迭香切碎

1餐勺百里香切碎

盐

胡椒

* 这道菜和玉米糊切条搭配会非
常好吃。

144 准备玉米糊切条

180°C

在碗中混合所有原料。

用烘焙纸铺垫烤盘, 将蔬菜码好。

烤的过程中翻几次。

244 烤箱烤南瓜 cook pumpkin in the oven

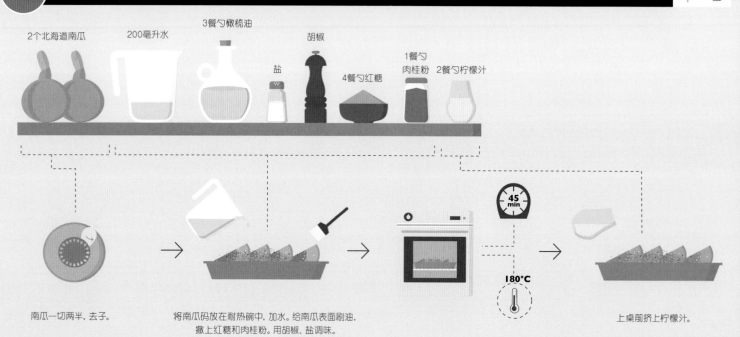

2个北海道南瓜

200毫升水

3餐勺橄榄油

盐

胡椒

4餐勺红糖

1餐勺
肉桂粉

2餐勺柠檬汁

45 min

180°C

南瓜一切两半, 去子。

将南瓜码放在耐热碗中, 加水。给南瓜表面刷油,
撒上红糖和肉桂粉。用胡椒、盐调味。

上桌前挤上柠檬汁。

245 烤箱烤菜花 cook cauliflower in the oven

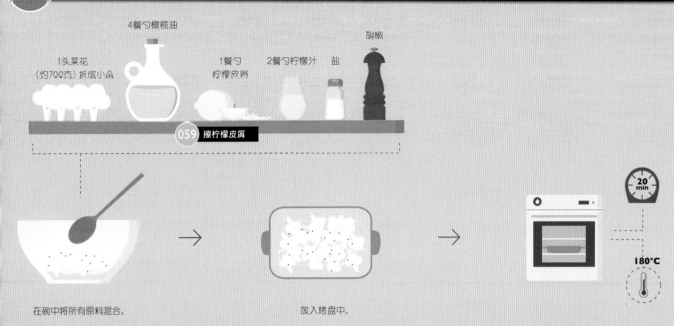

059 擦柠檬皮屑

在碗中将所有原料混合。

放入烤盘中。

246 制作酸甜洋葱 make sweet and sour onions

157 熬蔬菜高汤

将洋葱码放在烤盘中。

将蔬菜高汤和其他原料一起煮沸。

高汤淋在洋葱上，盖上锡纸，入烤箱烤制。不断翻面。

去掉锡纸，继续烹至洋葱变软，液体被烤干。

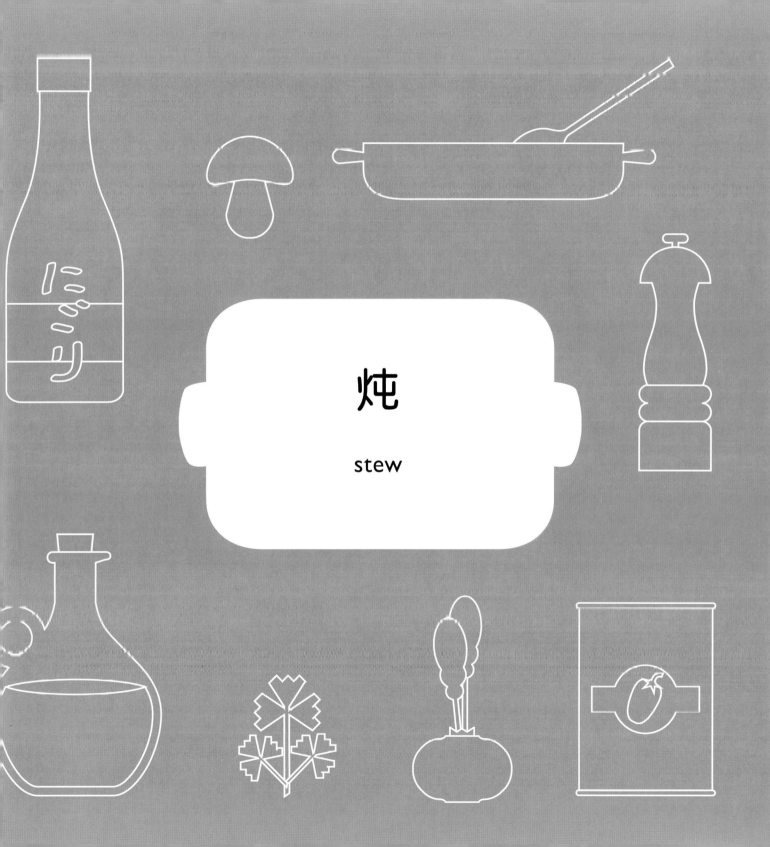

炖

stew

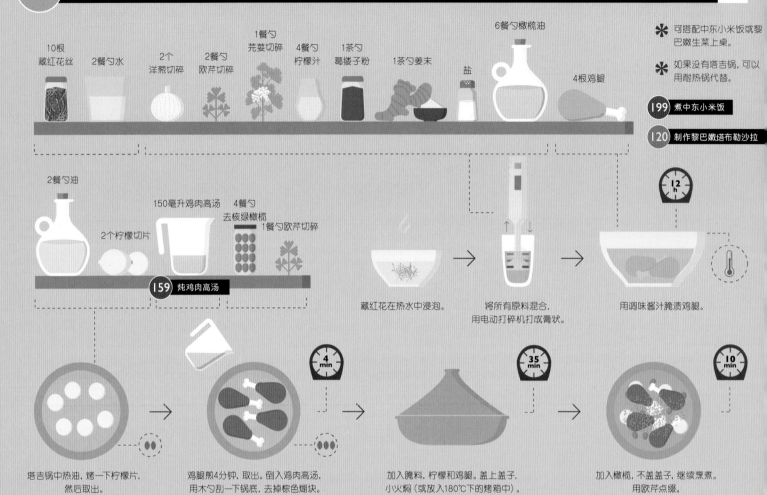

10根
藏红花丝

2餐勺水

2个
洋葱切碎

2餐勺
欧芹切碎

1餐勺
芫荽切碎

4餐勺
柠檬汁

1茶勺
葛缕子粉

1茶勺姜末

盐

6餐勺橄榄油

4根鸡腿

❋ 可搭配中东小米饭或黎巴嫩生菜上桌。

❋ 如果没有塔吉锅，可以用耐热锅代替。

199 煮中东小米饭

120 制作黎巴嫩塔布勒沙拉

2餐勺油

2个柠檬切片

150毫升鸡肉高汤

4餐勺
去核绿橄榄
1餐勺欧芹切碎

159 炖鸡肉高汤

藏红花在热水中浸泡。

将所有原料混合，用电动打碎机打成膏状。

用调味酱汁腌渍鸡腿。

塔吉锅中热油，烤一下柠檬片，然后取出。

鸡腿煎4分钟，取出。倒入鸡肉高汤，用木勺刮一下锅底，去掉棕色糊块。

加入腌料，柠檬和鸡腿。盖上盖子，小火焖（或放入180℃下的烤箱中）。

加入橄榄，不盖盖子，继续烹煮。用欧芹点缀。

157 熬蔬菜高汤

600克
羊肩肉，切成丁

用蔬菜高汤代替鸡肉高汤，加入芫荽和百里香。

用黑橄榄代替青橄榄，加入2勺番茄干。不要用藏红花。

600克
小牛肩肉，切成丁

用约2餐勺西梅干代替柠檬。像柠檬一样烤制。上桌前撒上芝麻。

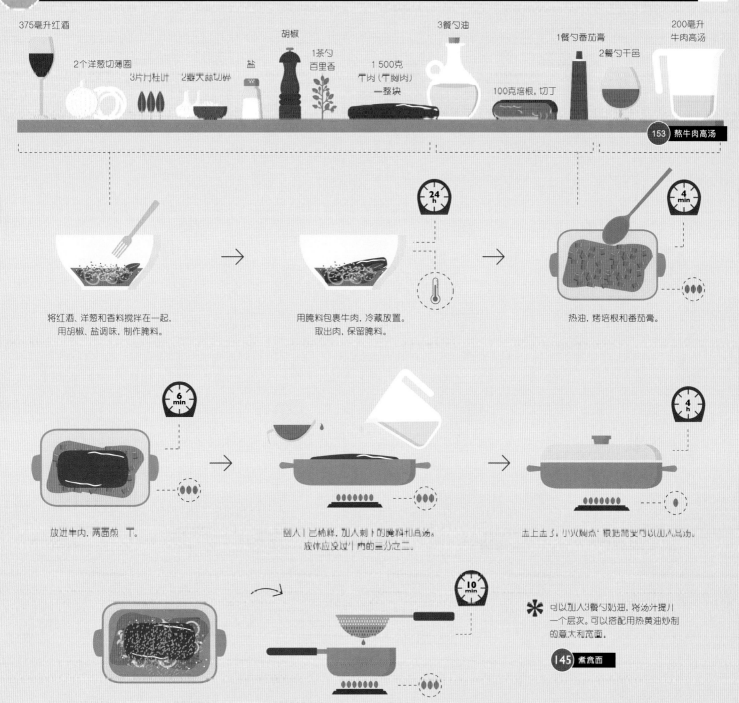

375毫升红酒

2个洋葱切薄圈

3片月桂叶　2瓣大蒜切碎

盐

胡椒

1茶勺
百里香

1 500克
牛肉（牛腿肉）
一整块

3餐勺油

100克培根，切丁

1餐勺番茄膏

2餐勺干邑

200毫升
牛肉高汤

153 熬牛肉高汤

将红酒、洋葱和香料搅拌在一起，
用胡椒、盐调味，制作腌料。

用腌料包裹牛肉，冷藏放置。
取出肉，保留腌料。

热油，烤培根和番茄膏。

放进牛肉，两面煎下。

倒入干邑棒样，加入剩下的腌料和高汤。
液体应没过牛肉的量分之二。

盖上盖子，小火炖点。根据需要可以加入高汤。

取出肉，在温暖的地方放置。

肉汤过筛，煮烧，调味，和肉一起装盘上桌。

✳ 可以加入3餐勺奶油，将汤汁提升
一个层次。可以搭配用热黄油炒制
的意大利宽面。

145 煮意面

141

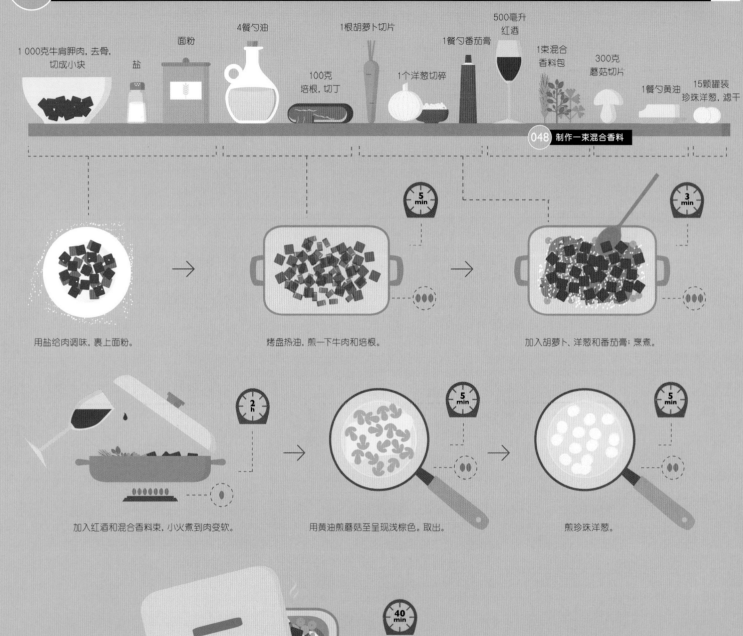

1 000克牛肩胛肉,去骨,切成小块

盐

面粉

4餐勺油

100克培根,切丁

1根胡萝卜切片

1个洋葱切碎

1餐勺番茄膏

500毫升红酒

1束混合香料包

300克蘑菇切片

1餐勺黄油

15颗罐装珍珠洋葱,滤干

048 制作一束混合香料

5 min

3 min

用盐给肉调味,裹上面粉。

烤盘热油,煎一下牛肉和培根。

加入胡萝卜、洋葱和番茄膏;烹煮。

2 h

5 min

5 min

加入红酒和混合香料束,小火煮到肉变软。

用黄油煎蘑菇至呈现浅棕色。取出。

煎珍珠洋葱。

40 min

将蘑菇和珍珠洋葱加到肉里,一起炖。

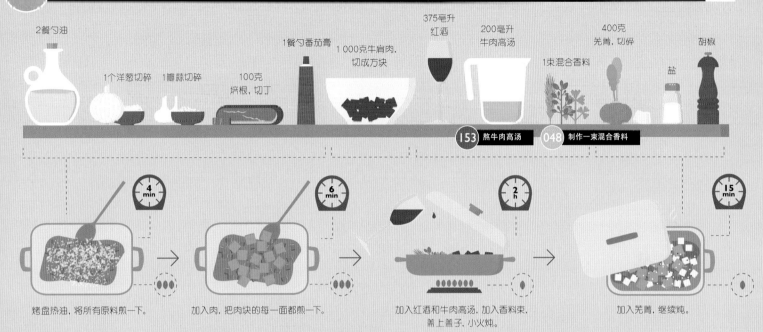

252 芜菁炖牛肉 make beef stew with turnips

2餐勺油

1个洋葱切碎　1瓣蒜切碎

100克
腊根, 切丁

1餐勺番茄膏

1000克牛肩肉,
切成方块

375毫升
红酒

200毫升
牛肉高汤

1束混合香料

400克
芜菁, 切碎

盐

胡椒

153 熬牛肉高汤　048 制作一束混合香料

4 min　烤盘热油, 将所有原料煎一下。

6 min　加入肉, 把肉块的每一面都煎一下。

2 h　加入红酒和牛肉高汤, 加入香料束, 盖上盖子, 小火炖。

15 min　加入芜菁, 继续炖。

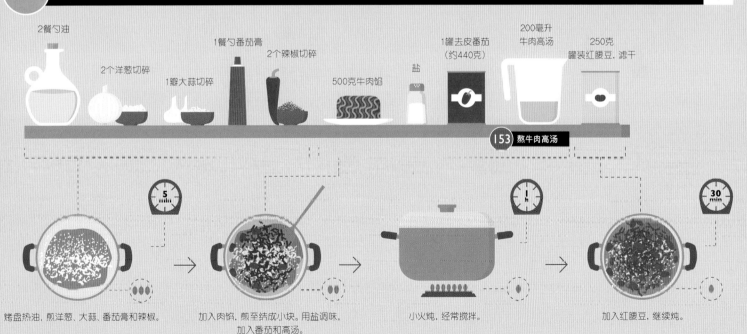

253 制作墨西哥辣肉酱 prepare chili con carne

2餐勺油

2个洋葱切碎

1瓣大蒜切碎

1餐勺番茄膏

2个辣椒切碎

500克牛肉馅

盐

1罐去皮番茄
(约440克)

200毫升
牛肉高汤

250克
罐装红腰豆, 滤干

153 熬牛肉高汤

5　烤盘热油, 煎洋葱、大蒜、番茄膏和辣椒。

加入肉馅, 煎至结成小块。用盐调味, 加入番茄和高汤。

1 h　小火炖, 经常搅拌。

30 min　加入红腰豆, 继续炖。

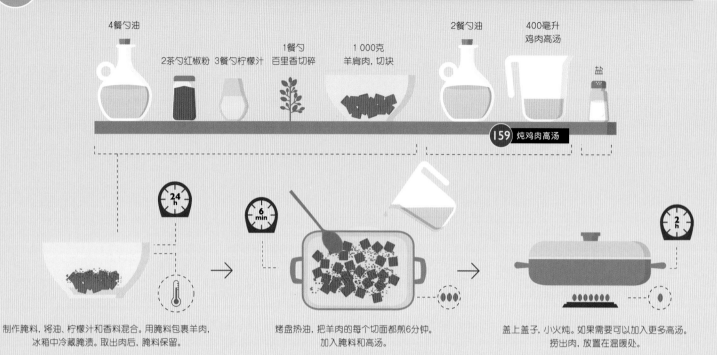

4餐勺油

2茶勺红椒粉　3餐勺柠檬汁

1餐勺
百里香切碎

1 000克
羊肩肉,切块

2餐勺油

400毫升
鸡肉高汤

盐

159 炖鸡肉高汤

制作腌料,将油、柠檬汁和香料混合。用腌料包裹羊肉,
冰箱中冷藏腌渍。取出肉后,腌料保留。

烤盘热油,把羊肉的每个切面都煎6分钟。
加入腌料和高汤。

盖上盖子,小火炖。如果需要可以加入更多高汤。
捞出肉,放置在温暖处。

酱汁过滤,煮开,
根据口味调味。

把肉放入酱汁中再次加热。

2根胡萝卜
切片

2根韭葱
切小圈

2根夏南瓜
切片

2汤勺
黑橄榄去核

将羊肉和夏南瓜、胡萝卜、韭葱一起炖。

加入两餐勺黑橄榄。

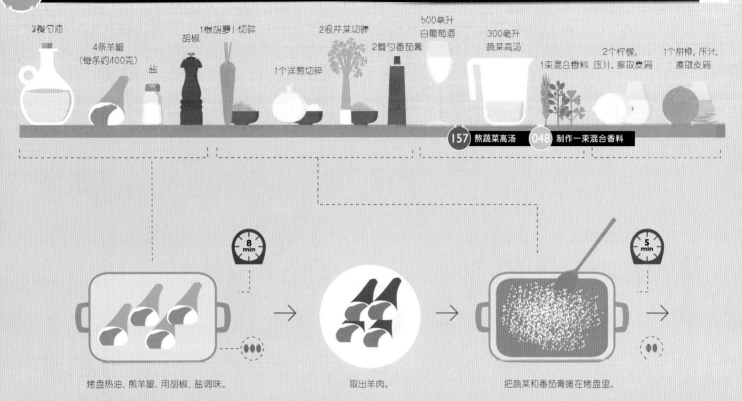

3 餐勺油

4 条羊腿
(每条约400克)
盐
胡椒

1 根胡萝卜切碎

1 个洋葱切碎

2 根芹菜切碎
2 餐勺番茄膏

500毫升
白葡萄酒

300毫升
蔬菜高汤

2 个柠檬，
1 束混合香料 压汁，擦取皮屑

1 个甜橙，压汁，
擦取皮屑

157 熬蔬菜高汤　　**048** 制作一束混合香料

8 min

5 min

烤盘热油，煎羊腿，用胡椒、盐调味。

取出羊肉。

把蔬菜和番茄膏摊在烤盘里。

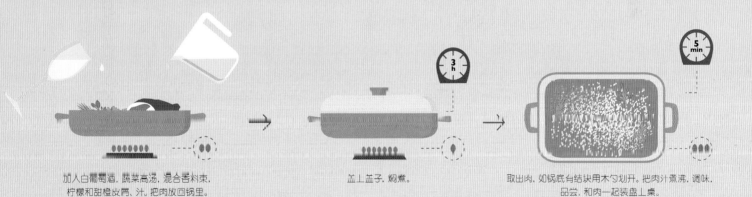

3 h

5 min

加入白葡萄酒、蔬菜高汤、混合香料束、柠檬和甜橙皮屑、汁，把肉放回锅里。

盖上盖子，焖煮。

取出肉，如锅底有结块用木勺划开。把肉汁煮沸，调味，品尝，和肉一起装盘上桌。

✱ 玉米糊切条是这道菜的完美配菜。

144 准备玉米糊切条

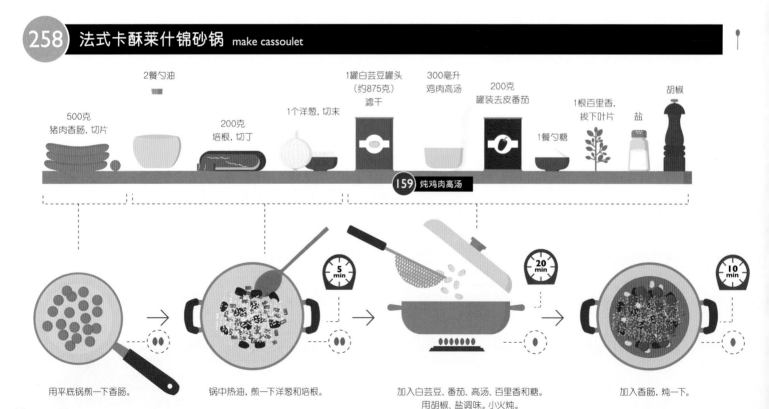

1000克小牛肉（肩胛肉）
一整块

盐

胡椒

3餐勺油

1根胡萝卜
切碎

1个洋葱切碎

2餐勺番茄膏

200毫升
牛奶

250克
奶油

1餐勺辣芥末
（第戎芥末）

141 烹制夏南瓜"意面"

✳ 夏南瓜"意面"是完美配菜。

4 min

3 h

5 min

用胡椒、盐给肉调味。

烤盘热油，煎蔬菜和番茄膏。

放进肉，两面煎一下。改小火，加入牛奶和奶油；
小火煨。取出肉，在温暖处放置。

加入芥末，煮沸。调味，品尝。把肉放回肉汁中。

258 法式卡酥莱什锦砂锅 make cassoulet

2餐勺油

500克
猪肉香肠，切片

200克
培根，切丁

1个洋葱，切末

1罐白芸豆罐头
（约875克）
滤干

300毫升
鸡肉高汤

200克
罐装去皮番茄

1餐勺糖

1根百里香，
拨下叶片

盐

胡椒

159 炖鸡肉高汤

5 min

20 min

10 min

用平底锅煎一下香肠。

锅中热油，煎一下洋葱和培根。

加入白芸豆、番茄、高汤、百里香和糖。
用胡椒、盐调味。小火炖。

加入香肠，炖一下。

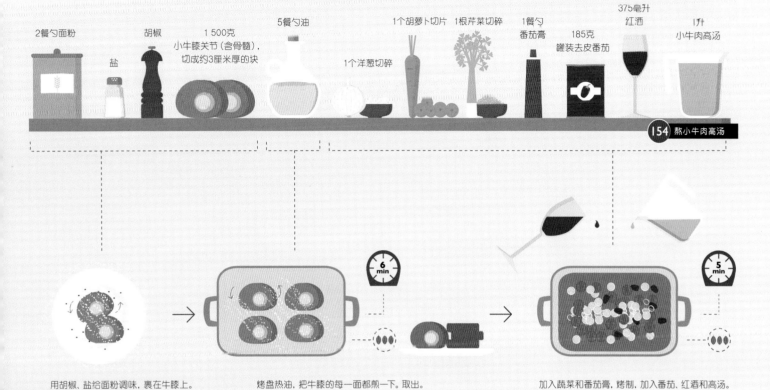

2餐勺面粉

盐

胡椒

1 500克
小牛膝关节（含骨髓），
切成约3厘米厚的块

5餐勺油

1个洋葱切碎

1个胡萝卜切片 1根芹菜切碎

1餐勺
番茄膏

185克
罐装去皮番茄

375毫升
红酒

1升
小牛肉高汤

154 熬小牛肉高汤

6 min

5 min

用胡椒、盐给面粉调味，裹在牛膝上。

烤盘热油，把牛膝的每一面都煎一下。取出。

加入蔬菜和番茄膏，烤制，加入番茄、红酒和高汤。

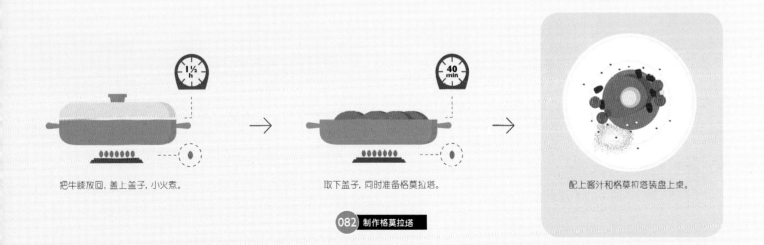

1½ h

40 min

把牛膝放回，盖上盖子，小火煮。

取下盖子，同时准备格莫拉塔。

082 制作格莫拉塔

配上酱汁和格莫拉塔装盘上桌。

啤酒炖羊肉 braise lamb in beer

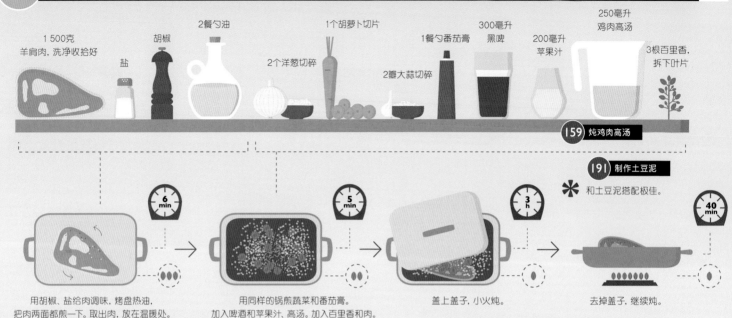

1 500克
羊肩肉, 洗净收拾好

盐

胡椒

2餐勺油

2个洋葱切碎

1个胡萝卜切片

2瓣大蒜切碎

1餐勺番茄膏

300毫升
黑啤

200毫升
苹果汁

250毫升
鸡肉高汤

3根百里香,
拆下叶片

159 炖鸡肉高汤

191 制作土豆泥
和土豆泥搭配极佳。

6 min

5 min

3 h

40 min

用胡椒、盐给肉调味, 烤盘热油,
把肉两面都煎一下。取出肉, 放在温暖处。

用同样的锅煎蔬菜和番茄膏。
加入啤酒和苹果汁、高汤。加入百里香和肉。

盖上盖子, 小火炖。

去掉盖子, 继续炖。

法式红酒炖鸡 prepare coq au vin

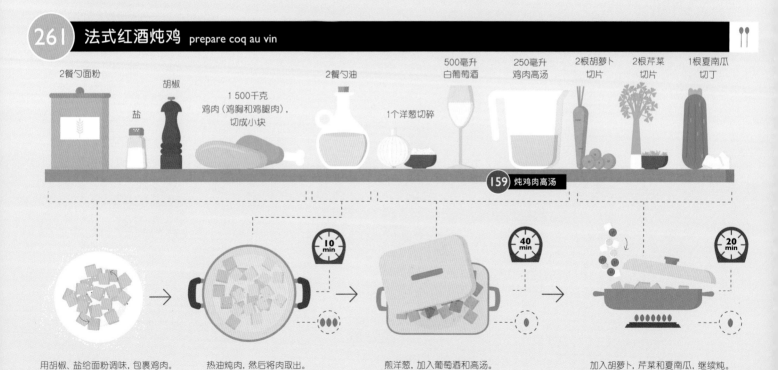

2餐勺面粉

盐

胡椒

1 500千克
鸡肉(鸡胸和鸡腿肉),
切成小块

2餐勺油

1个洋葱切碎

500毫升
白葡萄酒

250毫升
鸡肉高汤

2根胡萝卜
切片

2根芹菜
切片

1根夏南瓜
切丁

159 炖鸡肉高汤

10 min

40 min

20 min

用胡椒、盐给面粉调味, 包裹鸡肉。

热油炖肉, 然后将肉取出。

煎洋葱, 加入葡萄酒和高汤。
把肉放回锅里, 盖上盖子, 小火炖。

加入胡萝卜、芹菜和夏南瓜, 继续炖。

300毫升冰水　　8片卷心菜叶

水煮沸后焯一下菜叶

迅速用冰水冷却

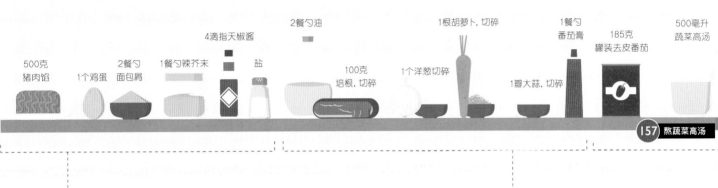

2餐勺油

4滴指天椒酱

500克
猪肉馅　　1个鸡蛋　　2餐勺
面包屑　　1餐勺辣芥末　　盐　　100克
培根，切碎　　1个洋葱切碎　　1根胡萝卜，切碎　　1餐勺
番茄膏　　185克
罐装去皮番茄　　500毫升
蔬菜高汤

1瓣大蒜，切碎

157 熬蔬菜高汤

所有原料混合。

将馅料铺在菜叶上，卷好，用绳子扎好。

热油，煎所有材料。

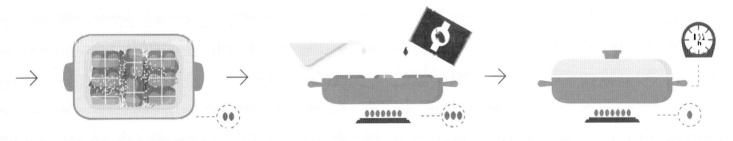

将菜卷码放在锅中，开口方向朝下。

加入番茄和高汤。

盖上盖子，小火炖。

 搭配土豆装盘上桌。

188 煮咸味土豆

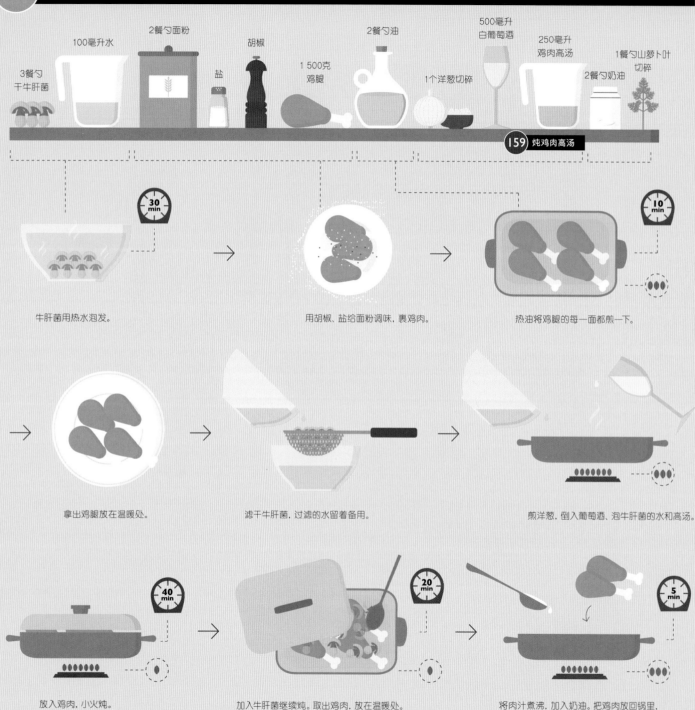

3餐勺
干牛肝菌

100毫升水

2餐勺面粉

盐

胡椒

1 500克
鸡腿

2餐勺油

1个洋葱切碎

500毫升
白葡萄酒

250毫升
鸡肉高汤

2餐勺奶油

1餐勺山萝卜叶
切碎

159 炖鸡肉高汤

30 min

牛肝菌用热水泡发。

用胡椒、盐给面粉调味,裹鸡肉。

10 min

热油将鸡腿的每一面都煎一下。

拿出鸡腿放在温暖处。

滤干牛肝菌,过滤的水留着备用。

煎洋葱,倒入葡萄酒、泡牛肝菌的水和高汤。

40 min

放入鸡肉,小火炖。

20 min

加入牛肝菌继续炖。取出鸡肉,放在温暖处。

5 min

将肉汁煮沸,加入奶油。把鸡肉放回锅里,
点缀山萝卜叶。

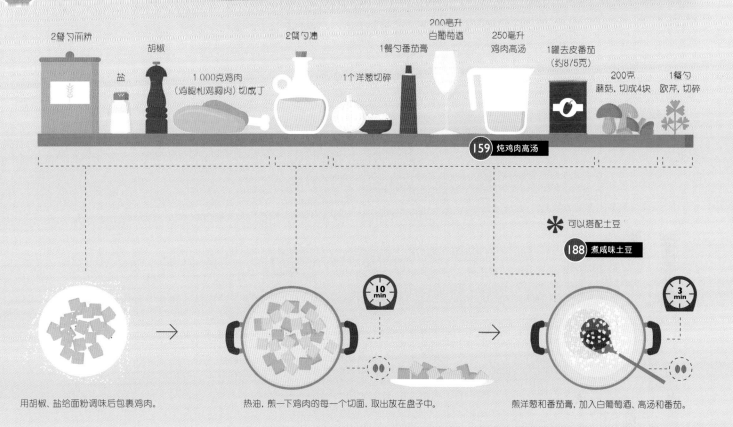

2餐勺面粉

胡椒

盐

1,000克鸡肉
（鸡腿和鸡胸肉）切成丁

2餐勺油

1餐勺番茄膏

1个洋葱切碎

200毫升
白葡萄酒

250毫升
鸡肉高汤

1罐去皮番茄
（约875克）

200克
蘑菇，切成4块

1餐勺
欧芹，切碎

159 炖鸡肉高汤

✳ 可以搭配土豆

188 煮咸味土豆

10 min

3 min

用胡椒、盐给面粉调味后包裹鸡肉。

热油，煎一下鸡肉的每一个切面，取出放在盘子中。

煎洋葱和番茄膏，加入白葡萄酒、高汤和番茄。

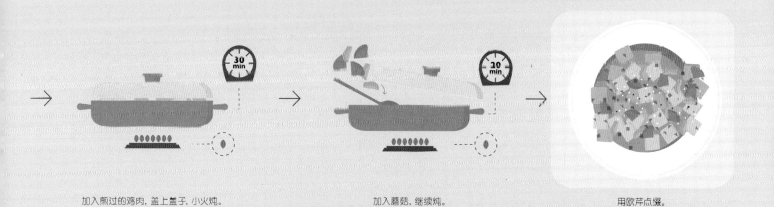

30 min

10 min

加入煎过的鸡肉，盖上盖子，小火炖。

加入蘑菇，继续炖。

用欧芹点缀。

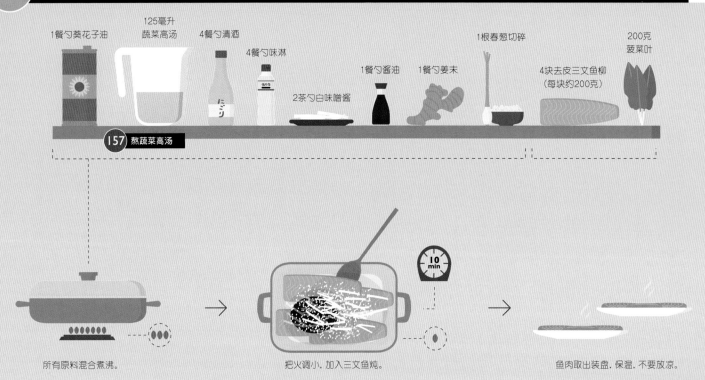

1餐勺葵花子油　125毫升蔬菜高汤　4餐勺清酒　4餐勺味淋　2茶勺白味噌酱　1餐勺酱油　1餐勺姜末　1根春葱切碎　4块去皮三文鱼柳（每块约200克）　200克菠菜叶

157 熬蔬菜高汤

所有原料混合煮沸。

把火调小，加入三文鱼炖。

鱼肉取出装盘，保温，不要放凉。

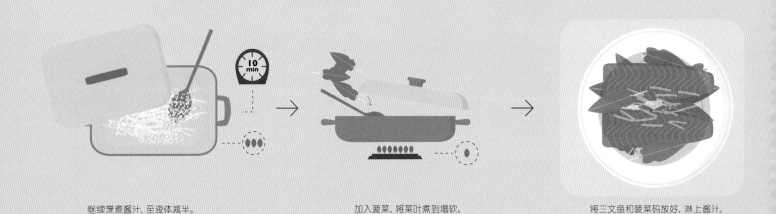

继续熬煮酱汁，至液体减半。

加入菠菜，将菜叶煮到塌软。

将三文鱼和菠菜码放好，淋上酱汁。

266 普罗旺斯杂烩 make ratatouille

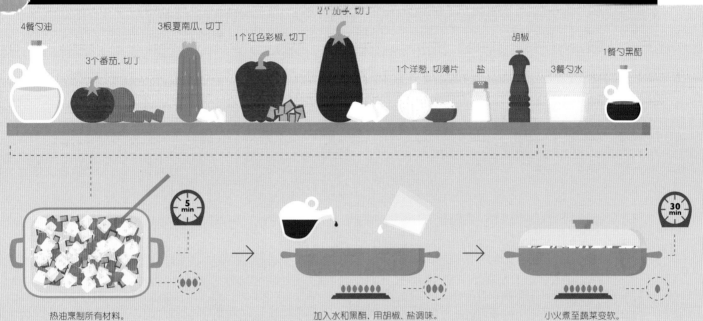

4餐勺油

3个番茄,切丁

3根夏南瓜,切丁

1个红色彩椒,切丁

2个茄子,切丁

1个洋葱,切薄片　盐　胡椒

3餐勺水

1餐勺黑醋

5 min — 热油烹制所有材料。

加入水和黑醋,用胡椒、盐调味。

30 min — 小火煮至蔬菜变软。

267 什锦蔬菜杂烩 braise vegetables

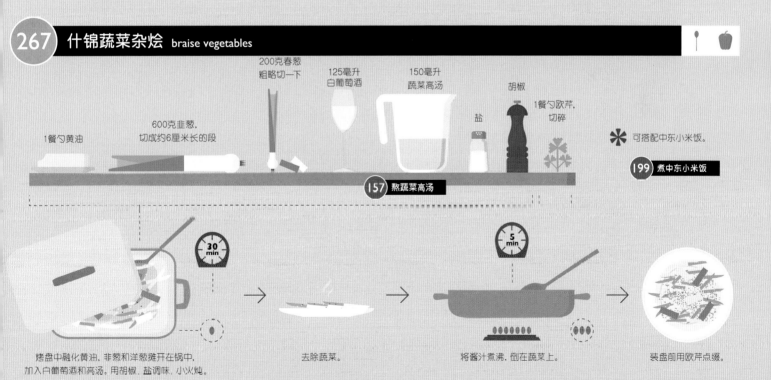

1餐勺黄油

600克韭葱,切成约6厘米长的段

200克春葱 粗略切一下

125毫升 白葡萄酒

150毫升 蔬菜高汤

盐　胡椒

1餐勺欧芹,切碎

157 熬蔬菜高汤

✳ 可搭配中东小米饭。

199 煮中东小米饭

30 min — 烤盘中融化黄油,韭葱和洋葱摊开在锅中, 加入白葡萄酒和高汤,用胡椒、盐调味,小火炖。

去除蔬菜。

5 min — 将酱汁煮沸,倒在蔬菜上。

装盘前用欧芹点缀。

炒和煎炸

fry and deep-fry

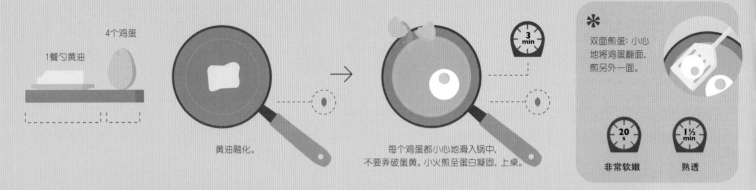

1餐勺黄油　4个鸡蛋

黄油融化。

3 min

每个鸡蛋都小心地滑入锅中，不要弄破蛋黄。小火煎至蛋白凝固，上桌。

＊
双面煎蛋：小心地将鸡蛋翻面，煎另外一面。

20 s　非常软嫩
1½ min　熟透

---

269 摊蛋饼 make an omelet

胡椒
4个鸡蛋　盐　　1餐勺黄油

抽打鸡蛋，用胡椒、盐调味。

融化黄油，加入鸡蛋。让鸡蛋在小火中凝结。凝固后将蛋饼的边缘推到中间。

用盘子凑在锅旁边，小心地帮助蛋饼翻面。将另一面也煎至凝固。

---

270 摊火腿蛋饼
make a ham omelet

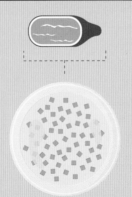

在蛋液中加入100克火腿丁。

271 摊奶酪蛋饼
make a cheese omelet

在蛋液中加入2餐勺格鲁耶尔干酪。

272 摊香草蛋饼
make a herbed omelet

在蛋液中加入2餐勺香草碎（欧芹、香葱、山萝卜）。

273 炒蛋 make scrambled eggs

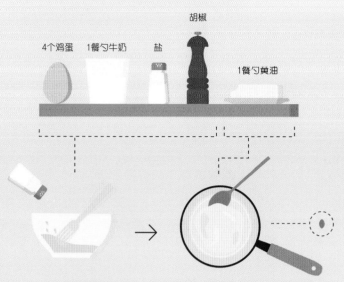

4个鸡蛋　1餐勺牛奶　盐　胡椒　1餐勺黄油

打鸡蛋，加入牛奶，用胡椒、盐调味，抽打。　平底锅中融化黄油。加入蛋液，不断搅拌，至鸡蛋凝固。

274 煎火腿蛋 cook ham and eggs

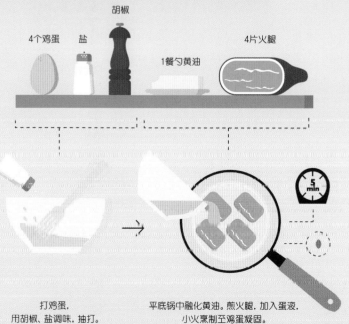

4个鸡蛋　盐　胡椒　1餐勺黄油　4片火腿

5 min

打鸡蛋，用胡椒、盐调味，抽打。　平底锅中融化黄油。煎火腿，加入蛋液，小火烹制至鸡蛋凝固。

275 煎法式吐司 fry French toast

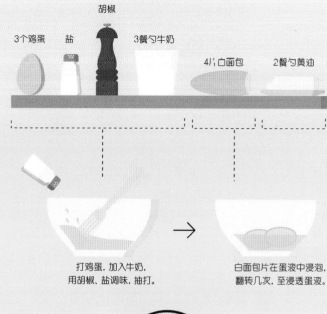

3个鸡蛋　盐　胡椒　3餐勺牛奶　4片白面包　2餐勺黄油

打鸡蛋，加入牛奶，用胡椒、盐调味，抽打。　白面包片在蛋液中浸泡，翻转几次，至浸透蛋液。

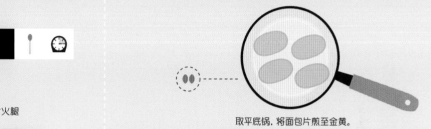

取平底锅，将面包片煎至金黄。

276 煎甜味法式吐司
sweeten up your French toast

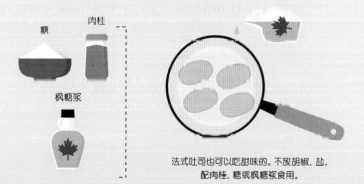

糖　肉桂　枫糖浆

法式吐司也可以吃甜味的。不放胡椒、盐，配肉桂、糖或枫糖浆食用。

157

用来泡发米粉的热水

200克河粉　　　　4餐勺油　　　　　　　　　　　　　　　　　　　6餐勺鱼露

　　　　　　　　　　　　　200克　　　200克　　　　　　6餐勺水
　　　　　　　　　　　　　豆腐,切丁　鸡胸肉,切丁　4个鸡蛋　　　　　　　2餐勺红糖　4瓣大蒜切碎

1撮辣椒碎

200克　　　　　　　　　　　　　3餐勺花生碎
豆芽　　4颗春葱,
　　　　切成约12毫米厚　　　　　　　　1个青柠切四瓣

河粉在热水中泡发。　　　　　　　　取炒锅或大号平底锅,煎豆腐和鸡肉。

2–3 min

取出,放在一旁。　　　锅中放入鸡蛋,加入鱼露、水、红糖、大蒜、　　加入豆腐、鸡肉和滤干水的河粉,充分搅拌。
　　　　　　　　　　　豆芽和春葱。翻炒,不断搅拌。

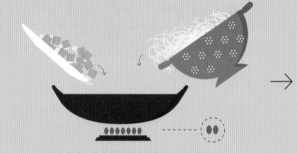

撒上辣椒碎和花生碎,用青柠瓣点缀。

200克
西兰花,拆小朵　　6餐勺酱油

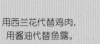

用西兰花代替鸡肉,　　　　烹至西兰花变软。河粉操作流程同上一篇,
用酱油代替鱼露。　　　　　锅中加入豆腐和西兰花。

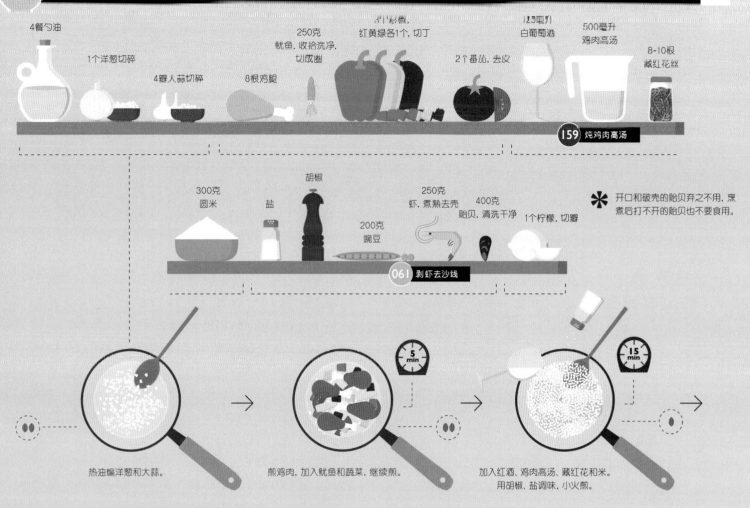

4餐勺油

1个洋葱切碎

4瓣大蒜切碎

8根鸡腿

250克
鱿鱼，收拾洗净，
切成圈

3个彩椒，
红黄绿各1个，切丁

2个番茄，去皮

125毫升
白葡萄酒

500毫升
鸡肉高汤

8~10根
藏红花丝

159 炖鸡肉高汤

300克
圆米

盐

胡椒

200克
豌豆

250克
虾，煮熟去壳

400克
贻贝，清洗干净

1个柠檬，切瓣

061 剥虾去沙线

✳ 开口和破壳的贻贝弃之不用，烹
煮后打不开的贻贝也不要食用。

热油煸洋葱和大蒜。

5 min
煎鸡肉，加入鱿鱼和蔬菜，继续煎。

15 min
加入红酒、鸡肉高汤、藏红花和米。
用胡椒、盐调味，小火煎。

15 min
在米饭中加入豌豆、虾肉和贻贝。盖上盖子继续煮。

用柠檬瓣点缀。

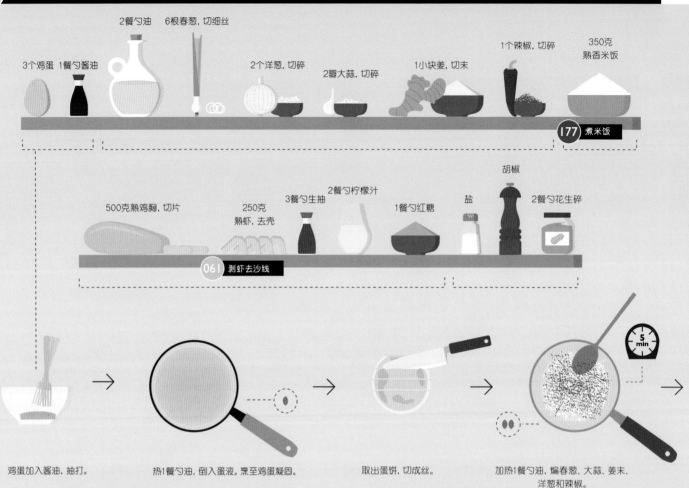

3个鸡蛋 1餐勺酱油

2餐勺油　6根春葱,切细丝

2个洋葱,切碎

2瓣大蒜,切碎

1小块姜,切末

1个辣椒,切碎

350克 熟香米饭

177 煮米饭

500克熟鸡胸,切片

250克 熟虾,去壳

3餐勺生抽

2餐勺柠檬汁

1餐勺红糖

盐

胡椒

2餐勺花生碎

061 剥虾去沙线

鸡蛋加入酱油,抽打。

热1餐勺油,倒入蛋液。烹至鸡蛋凝固。

取出蛋饼,切成丝。

5 min

加热1餐勺油,煸春葱、大蒜、姜末、洋葱和辣椒。

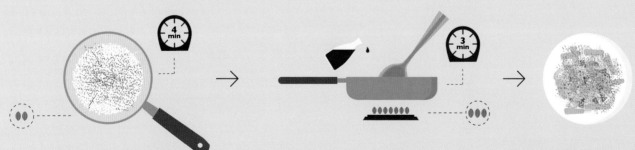

4 min

加入米饭,翻炒,用胡椒、盐调味。

3 min

倒入鸡胸、虾肉、酱油、柠檬汁和糖,大火翻炒。

搅拌着加入蛋饼丝,用胡椒、盐调味,用花生碎点缀。

蔬菜炒饭 fry rice with vegetables

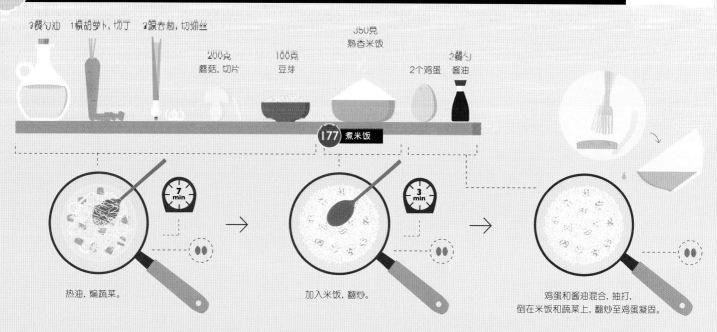

3餐勺油　1根胡萝卜, 切丁　3跟春葱, 切细丝

200克
蘑菇, 切片

100克
豆芽

350克
熟香米饭

2个鸡蛋　2餐勺
酱油

177 煮米饭

7 min

3 min

热油, 煸蔬菜。

加入米饭, 翻炒。

鸡蛋和酱油混合, 抽打,
倒在米饭和蔬菜上, 翻炒至鸡蛋凝固。

鸡肉蔬菜炒饭 fry rice with chicken and vegetables

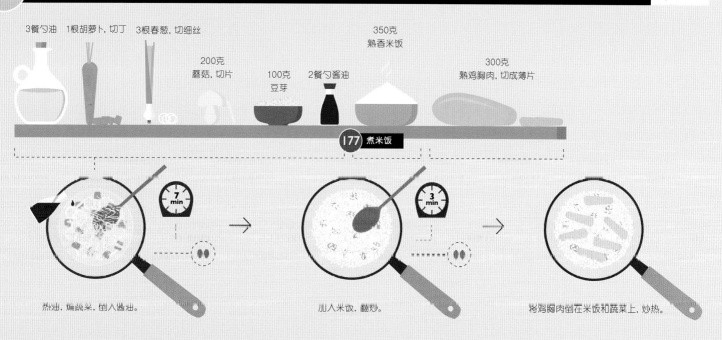

3餐勺油　1根胡萝卜, 切丁　3根春葱, 切细丝

200克
蘑菇, 切片

100克
豆芽

2餐勺酱油

350克
熟香米饭

300克
熟鸡胸肉, 切成薄片

177 煮米饭

7 min

3 min

热油, 煸蔬菜, 倒入酱油。

加入米饭, 翻炒。

将鸡胸肉倒在米饭和蔬菜上, 炒热。

煎土豆片 make chipped potatoes

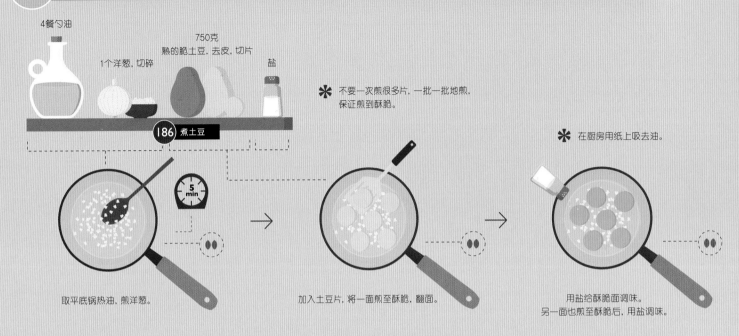

4餐勺油

1个洋葱,切碎

750克
熟的脆土豆,去皮,切片

盐

186 煮土豆

✳ 不要一次煎很多片,一批一批地煎,
保证煎到酥脆。

✳ 在厨房用纸上吸去油。

5 min

取平底锅热油,煎洋葱。

加入土豆片,将一面煎至酥脆,翻面。

用盐给酥脆面调味。
另一面也煎至酥脆后,用盐调味。

制作三文鱼土豆饼 make fried potato patties with salmon

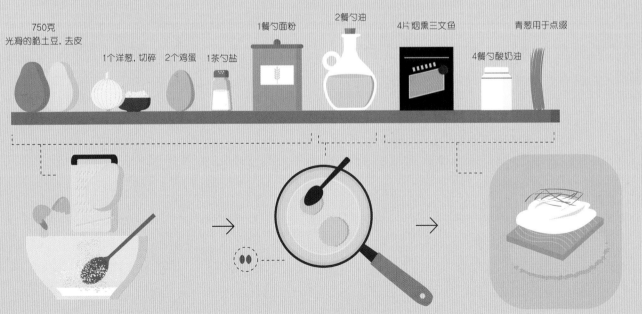

750克
光滑的脆土豆,去皮

1个洋葱,切碎　2个鸡蛋　1茶勺盐

1餐勺面粉

2餐勺油

4片烟熏三文鱼

青葱用于点缀

4餐勺酸奶油

土豆擦碎,混合洋葱,加入鸡蛋、
盐和面粉,混合均匀。

热油,每次挖1餐勺土豆在锅中,压平。
两面都煎至金黄。

将三文鱼放在土豆饼上,用酸奶油和香葱点缀。

285 炸薯条 make french fries

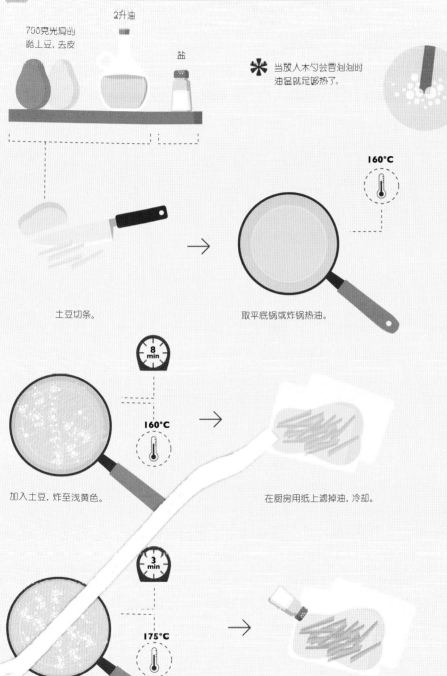

750克光焗的脆土豆,去皮

2升油

盐

❋ 当放人木勺会冒泡泡时油温就足够热了。

160°C

土豆切条。

取平底锅或炸锅热油。

8 min

160°C

加入土豆,炸至浅黄色。

在厨房用纸上滤掉油,冷却。

3 min

175°C

再炸一遍,将薯条炸至金黄色。

捞出薯条,滤干,用盐调味。

286 法式薯丝 make pommes allumettes

土豆切成条状(火柴棍大小),像炸薯条一样炸。

287 炸甜薯条 make sweet French fries

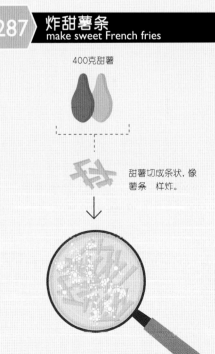

400克甜薯

甜薯切成条状,像薯条一样炸。

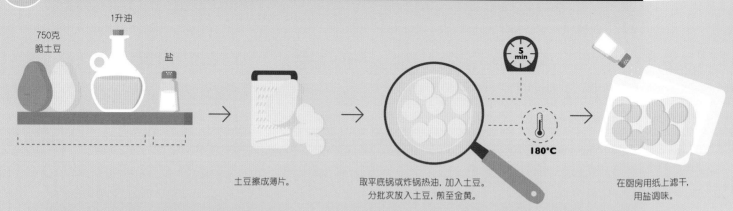

750克
脆土豆

1升油

盐

5 min

180°C

土豆擦成薄片。

取平底锅或炸锅热油, 加入土豆。
分批次放入土豆, 煎至金黄。

在厨房用纸上滤干,
用盐调味。

289 炸蔬菜脆片 make vegetable chips

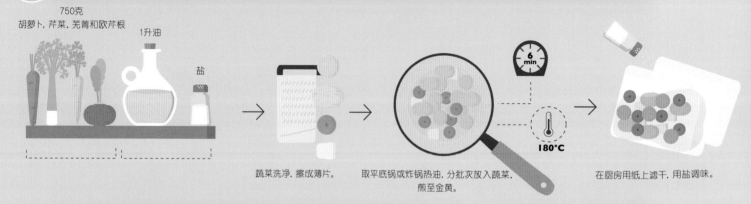

750克
胡萝卜, 芹菜, 芜菁和欧芹根

1升油

盐

6 min

180°C

蔬菜洗净, 擦成薄片。

取平底锅或炸锅热油, 分批次放入蔬菜,
煎至金黄。

在厨房用纸上滤干, 用盐调味。

290 炸玉米片 fry tortilla chips

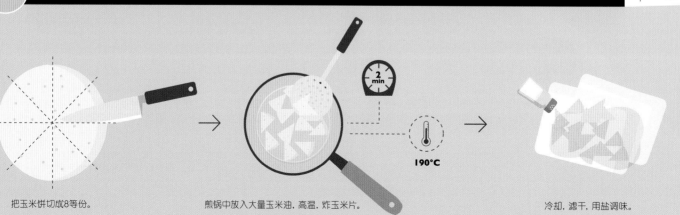

2 min

190°C

把玉米饼切成8等份。

煎锅中放入大量玉米油, 高温, 炸玉米片。

冷却, 滤干, 用盐调味。

3餐勺油

盐

胡椒

4块牛臀肉
（约200克）

2餐勺油

盐

胡椒

500克
牛肉馅

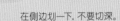

在侧边划一下，不要切深。

用盐给肉馅调味，用手捏成4块肉饼。

用炸锅热油，放入肉排，两面都煎一下。

8 min

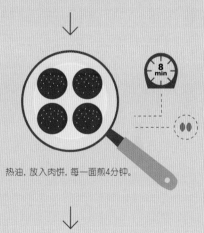

热油，放入肉饼，每一面煎4分钟。

8 min

继续将每一面都煎4分钟。

10 min

包裹锡纸在温暖处放置。
用胡椒、盐调味，上桌。

三分	**50°C**
五分	**60°C**
全熟	**70°C**

335 各种汉堡组合

用胡椒调味，装盘上桌。

293 做肉丸 make meatballs

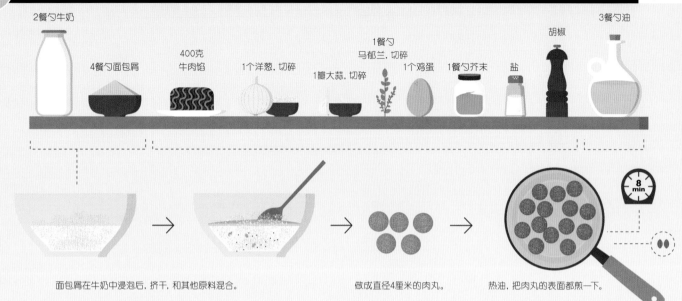

2餐勺牛奶
4餐勺面包屑
400克 牛肉馅
1个洋葱, 切碎
1瓣大蒜, 切碎
1餐勺 马郁兰, 切碎
1个鸡蛋
1餐勺芥末
盐
胡椒
3餐勺油

8 min

面包屑在牛奶中浸泡后, 挤干, 和其他原料混合。

做成直径4厘米的肉丸。

热油, 把肉丸的表面都煎一下。

294 做美式肉丸
make American-style meatballs

肉丸通常和意面、番茄酱汁一起搭配食用。

146 制作番茄酱汁

295 做德式肉丸
make German-style meatballs

把肉丸压扁, 在平底锅中煎。

296 做瑞典肉丸 make köttbullar

1餐勺面粉
200克 奶油
盐
胡椒
4餐勺水

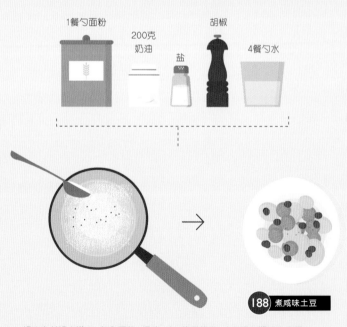

188 煮咸味土豆

将肉丸从锅中捞出, 加入面粉、奶油、水、盐和胡椒, 小火煨到酱汁变浓稠。
肉丸搭配酱汁、咸味土豆和越橘一起食用。

297 做土耳其肉丸 make köfte

1撮勺
欧芹切碎

1/2茶勺
辣椒粉

1茶勺
孜然末

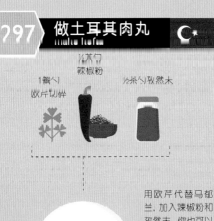

用欧芹代替马郁兰，加入辣椒粉和孜然末。你也可以用羊肉馅代替牛肉馅。

298 做意大利肉丸 make boulion style meatballs

1餐勺
欧芹，切碎

3餐勺
帕玛森奶酪碎

200毫升
番茄酱汁

用欧芹代替马郁兰，在肉馅中加入帕玛森奶酪。装盘上桌之前，把已经炸好的肉丸在番茄酱汁里加热一下。

146 制作番茄酱汁

299 做西班牙肉丸 make albóndigas

1餐勺
欧芹，切碎

2餐勺
松子，切碎

1小撮豆蔻粉

200毫升
番茄酱汁

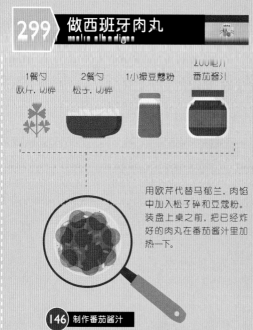

用欧芹代替马郁兰，肉馅中加入松子碎和豆蔻粉。装盘上桌之前，把已经炸好的肉丸在番茄酱汁里加热一下。

146 制作番茄酱汁

300 煎饺 make jiaozi

225克
牛肉，剁碎

150克
大白菜，切丝

4根春葱，切细丝

1片姜，
3厘米厚，切末

1茶勺柠檬汁

2餐勺酱油

盐

胡椒

1包饺子皮（24片）

4餐勺油

300毫升
蔬菜高汤

157 熬蔬菜高汤

8 min

10 min

混合所有原料。

每片饺子皮上放一勺肉馅。沾湿饺子皮的边缘，包起，将边缘捏出花纹。

取平底锅热油，煎饺子。一面煎成棕色后，加入鸡肉高汤（汤不要没过饺子）。

盖上锅盖，将饺子煎至将汤汁完全吸收。

301 维也纳煎肉排 fry Viennese schnitzel

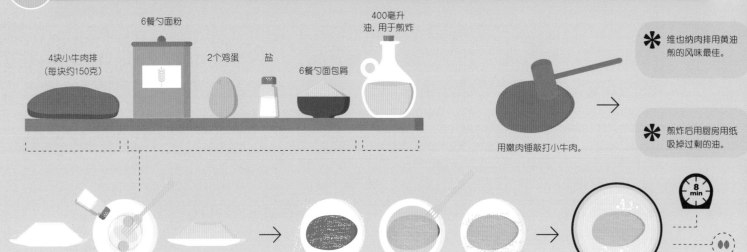

4块小牛肉排
（每块约150克）

6餐勺面粉

2个鸡蛋　盐

6餐勺面包屑

400毫升
油, 用于煎炸

用嫩肉锤敲打小牛肉。

※ 维也纳肉排用黄油
煎的风味最佳。

※ 煎炸后用厨房用纸
吸掉过剩的油。

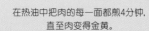

8 min

面粉放在平盘中, 取一只浅盘抽打加了盐的蛋液。
再取一只平盘盛放面包屑。

把小牛肉先裹上面粉, 抖落过剩的面粉, 蘸裹蛋液。
最后两面都裹上面包屑。

在热油中把肉的每一面都煎4分钟,
直至肉变得金黄。

302 经典炸鸡 make classic fried chicken

6餐勺面粉

2个鸡蛋　盐　6餐勺面包屑

8块鸡肉
（鸡胸和鸡腿肉）

400毫升
油, 用于煎炸

※ 煎炸后用厨房用纸
吸掉过剩的油。

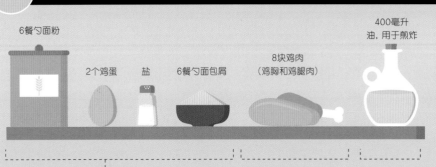

8 min

鸡肉去皮。面粉放在平盘中, 取一只浅盘抽打加了盐的蛋液。
再取一只平盘盛放面包屑。

把鸡肉先裹上面粉, 抖落过剩的面粉, 蘸裹蛋液。
最后两面都裹上面包屑。

在热油中把肉的每一面都煎4分钟,
直至肉变得金黄。

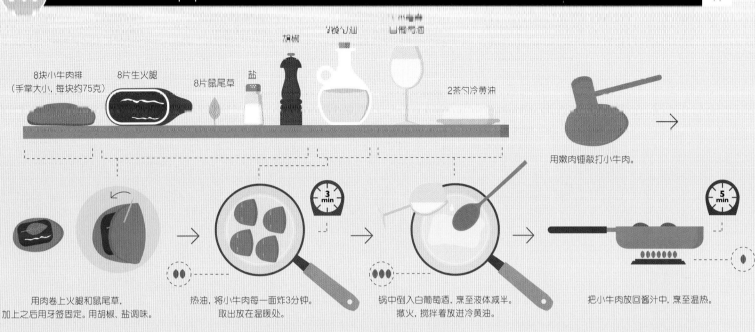

8块小牛肉排
（手掌大小，每块约75克）

8片生火腿

8片鼠尾草

盐

胡椒

2茶勺冷黄油

用嫩肉锤敲打小牛肉。

用肉卷上火腿和鼠尾草，
加上之后用牙签固定。用胡椒、盐调味。

3 min

热油，将小牛肉每一面炸3分钟。
取出放在温暖处。

锅中倒入白葡萄酒，烹至液体减半。
撤火，搅拌着放进冷黄油。

5 min

把小牛肉放回酱汁中，烹至温热。

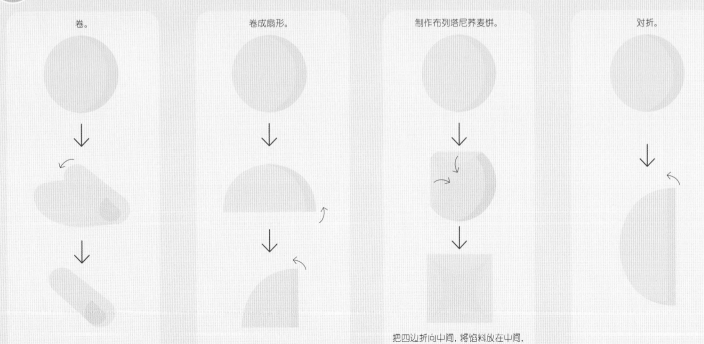

卷。

卷成扇形。

制作布列塔尼荞麦饼。

对折。

把四边折向中间，将馅料放在中间，
上面依然开着口。

169

305 摊荞麦饼 make galettes

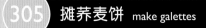

250克荞麦面
300毫升水
3餐勺苏打水

2个鸡蛋

盐

2餐勺融化的黄油,
另留出用于煎炸的黄油

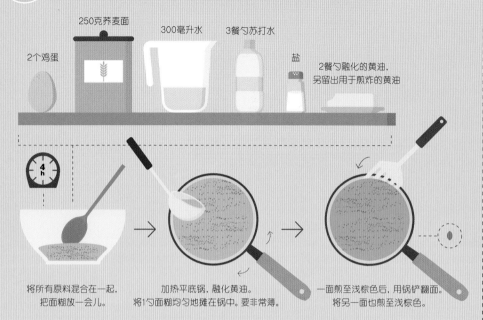

4h

将所有原料混合在一起,
把面糊放一会儿。

加热平底锅, 融化黄油。
将1勺面糊均匀地摊在锅中。要非常薄。

一面煎至浅棕色后, 用锅铲翻面。
将另一面也煎至浅棕色。

306 摊咸味松饼 make savory pancakes

250克面粉
400毫升牛奶
3餐勺苏打水

4个鸡蛋

1小撮盐

用于煎炸的黄油

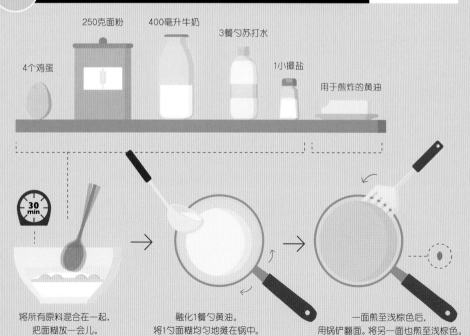

30 min

将所有原料混合在一起,
把面糊放一会儿。

融化1餐勺黄油。
将1勺面糊均匀地摊在锅中。

一面煎至浅棕色后,
用锅铲翻面。将另一面也煎至浅棕色。

307 摊香草荞麦饼
make herbed galettes

4餐勺混合香料
(欧芹、香葱、山萝卜、莳萝、
迷迭香、百里香), 切碎

200克
农场奶酪

2餐勺牛奶

1餐勺柠檬汁

胡椒

盐

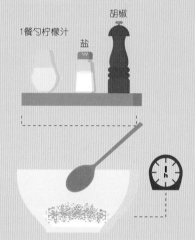

1h

将所有原料混合, 搅拌均匀。放置一下。

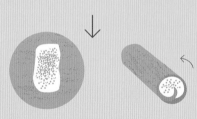

用来卷在荞麦饼或松饼中。

* 香草农场奶酪也可以用来涂
  抹全麦面包或新鲜法棍。

1餐勺油

1个圆葱,切碎

1瓣大蒜,切碎

400克 菠菜叶

4杯沸水

2餐勺奶油

盐

胡椒

5 min

热油,煸香圆葱和大蒜。

把菠菜放在筛子里,用沸水淋一下,滤干,挤掉水分。

切成小块。

放进锅里,加入奶油,胡椒、盐调味,烹制沸腾一次。

用来卷荞麦饼或松饼。

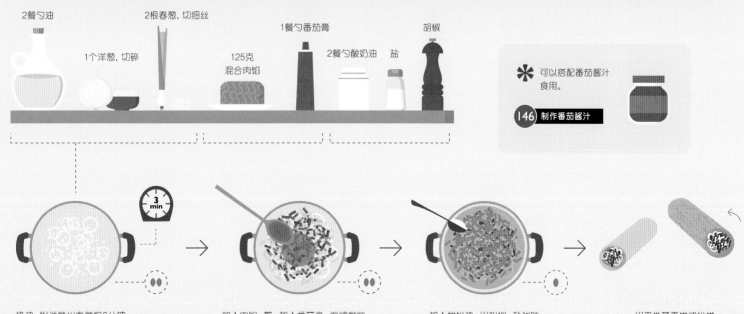

2餐勺油

1个洋葱,切碎

2根春葱,切细丝

125克 混合肉馅

1餐勺番茄膏

2餐勺酸奶油

盐

胡椒

✳ 可以搭配番茄酱汁 食用。

146 制作番茄酱汁

热油,将洋葱和春葱煸3分钟。

3 min

加入肉馅,煎。加入番茄膏,继续翻炒。

加入酸奶油,用胡椒、盐调味。

用来卷荞麦饼或松饼。

8餐勺面粉

8餐勺玉米淀粉

8餐勺冰水

400毫升油

盐

300克混合蔬菜（胡萝卜、芹菜、春葱、洋葱、蘑菇、平菇、柿子椒或芦笋），切成可直接入口的大小

将面粉、玉米淀粉、盐和冰水混合，搅拌均匀。

热油。

将蔬菜挂面糊，分批次，每次不要做很多。

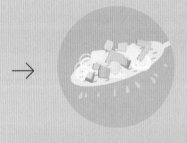

滤干。

6 min

在油中小火煎炸。

在厨房用纸上控干。

½茶勺辣椒粉

2餐勺酱油

1餐勺蜂蜜

300克去壳虾

061 剥虾去沙线

用虾肉代替蔬菜。

搭配酱油、蜂蜜和辣椒粉制作的调味料食用。

春菜炒豆腐 stir-fry spring vegetables with tofu

2餐勺油

1个小洋葱,切碎

1根韭葱,切细丝

100克
绿芦笋,切成小块

100克
荷兰豆

100克
蘑菇,切片

1根夏南瓜,切丁

2餐勺酱油

125克香干,
切成条

盐

胡椒

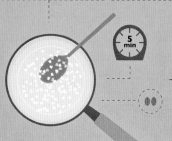

5 min

6 min

热油,煸香洋葱。

加入剩下的蔬菜翻炒。加入酱油,
烹至蔬菜变软。

加入香干,简单炒一下。

✳ 可以不放香干,每人配一
个煎蛋。和煎土豆片也
是完美搭配。

268 煎蛋

283 煎土豆片

炒什蔬 stir-fry vegetables

2餐勺油

1块姜,
3厘米大小,切末

200克
冬菇,切片

3根春葱,切细丝

200克
君莙菜,切条

2根夏南瓜,切丁

2餐勺酱油

胡椒

5 min

取炒锅或大号平底锅热油,煸一下姜末。
加入蔬菜,简单翻炒。

加入酱油,炒至蔬菜变软。

✳

如果喜欢吃辣,可以取一个小辣
椒切碎加入。可搭配米饭食用。

045 辣椒切末

177 煮米饭

314 炸洋蓟 deep-fry artichokes

3个鸡蛋

3餐勺
帕玛森奶酪末

盐

胡椒

6个小洋蓟,
修剪,切四瓣

60克
面包屑

500毫升油

053 修整洋蓟

✳ 在厨房用纸上吸油。

4 min

取一只碗,抽打鸡蛋。加入帕玛森奶酪末,用胡椒盐调味。搅拌均匀。

将洋蓟瓣浸泡在蛋液里。

裹上面包屑。

热油。

小火煎至金黄。

315 姜味煎豆腐 fry tofu with ginger

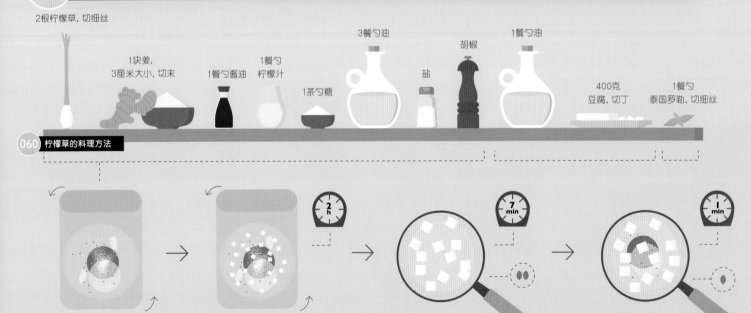

2根柠檬草,切细丝

1块姜,
3厘米大小,切末

1餐勺酱油

1餐勺
柠檬汁

1茶勺糖

3餐勺油

盐

胡椒

1餐勺油

400克
豆腐,切丁

1餐勺
泰国罗勒,切细丝

060 柠檬草的料理方法

2 h

7 min

1 min

将所有原料在塑料袋中混合制作腌料。

加入豆腐,摇一摇,让腌料入味。
拿出豆腐,滤干。

热油,把豆腐的每个切面都炸一下。
捞出豆腐,放在温暖处。

加入剩下的腌料,小火煮至收汁。
加入豆腐,用泰式罗勒点缀。

蒜香大虾 prepare garlic shrimp

2餐勺油

5瓣大蒜, 切碎

1个辣椒, 切碎

400克
虾肉去壳

1餐勺柠檬汁

盐

1餐勺欧芹, 切碎

061 剥虾去沙线

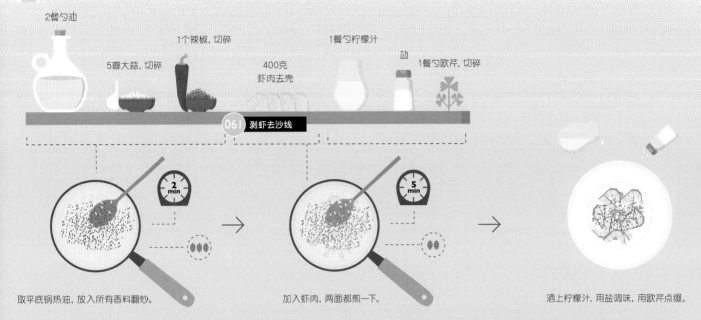

2 min

5 min

取平底锅热油, 放入所有香料翻炒。

加入虾肉, 两面都煎一下。

洒上柠檬汁, 用盐调味, 用欧芹点缀。

317 小蟹肉蛋糕 make little crab cakes

3餐勺
蛋黄酱

1餐勺芥末

60克
面包屑

盐

胡椒

1根芹菜, 切碎

2根春葱, 切碎

500克
蟹肉

60克
面包屑

4餐勺油

✱ 可搭配塔塔酱使用。

084 制作塔塔酱

080 制作蛋黄酱

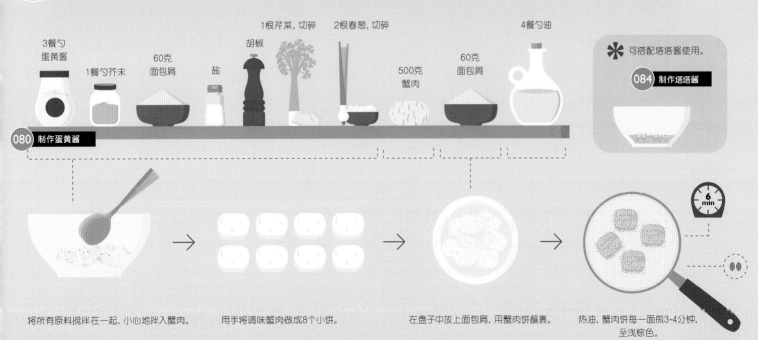

6 min

将所有原料搅拌在一起, 小心地拌入蟹肉。

用手将调味蟹肉做成8个小饼。

在盘子中放上面包屑, 用蟹肉饼蘸裹。

热油, 蟹肉饼每一面煎3~4分钟,
至浅棕色。

318 炒鱿鱼 fry calamari

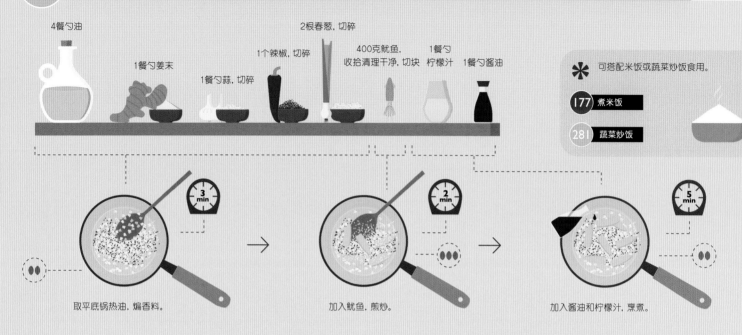

4餐勺油

1餐勺姜末

1餐勺蒜, 切碎

1个辣椒, 切碎

2根春葱, 切碎

400克鱿鱼,
收拾清理干净, 切块

1餐勺
柠檬汁

1餐勺酱油

✳ 可搭配米饭或蔬菜炒饭食用。

177 煮米饭

281 蔬菜炒饭

3 min

2 min

5 min

取平底锅热油, 煸香料。

加入鱿鱼, 煎炒。

加入酱油和柠檬汁, 烹煮。

319 煎比目鱼柳配柠檬水瓜柳酱 make halibut with lemon caper sauce

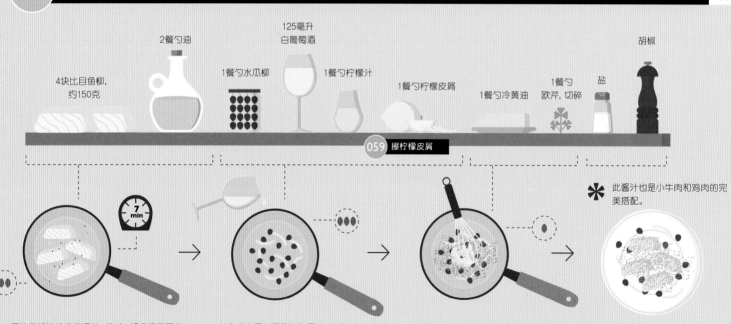

4块比目鱼柳,
约150克

2餐勺油

1餐勺水瓜柳

125毫升
白葡萄酒

1餐勺柠檬汁

1餐勺柠檬皮屑

1餐勺冷黄油

1餐勺
欧芹, 切碎

盐

胡椒

059 擦柠檬皮屑

7 min

✳ 此酱汁也是小牛肉和鸡肉的完美搭配。

用盐和胡椒给鱼柳调味。热油, 将鱼柳两面分
别煎炸一下。捞出鱼柳放在温暖处。

加入所有原料用于制作酱汁, 煮沸。

慢慢地, 搅拌着将小块黄油加到酱汁中,
加入欧芹。

将鱼柳装盘, 淋上热酱汁。

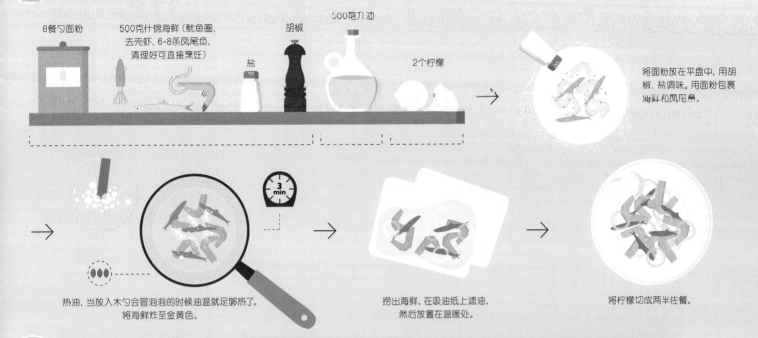

8餐勺面粉　　500克什锦海鲜（鱿鱼圈、去壳虾、6-8条凤尾鱼，清理好可直接烹饪）　盐　胡椒　500毫升油　2个柠檬

将面粉放在平盘中，用胡椒、盐调味。用面粉包裹海鲜和凤尾鱼。

热油，当放入木勺会冒泡泡的时候油温就足够热了。将海鲜炸至金黄色。

3 min

捞出海鲜，在吸油纸上滤油，然后放置在温暖处。

将柠檬切成两半佐餐。

321 炸苹果圈 prepare fried apple rings

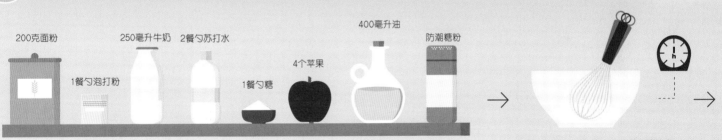

200克面粉　250毫升牛奶　2餐勺苏打水　　400毫升油　防潮糖粉

1餐勺泡打粉　　　　　1餐勺糖　4个苹果

面粉、泡打粉、牛奶、苏打水和糖粉搅拌在一起，做成顺滑的奶油面糊。放置1小时。

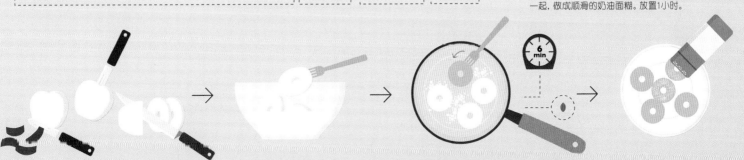

苹果去皮去核，每个切成4-6片苹果圈。

苹果圈包裹上面糊。

热油，将苹果圈每一面煎3~4分钟至浅棕色。用吸油纸滤油。

6 min

撒上糖粉。

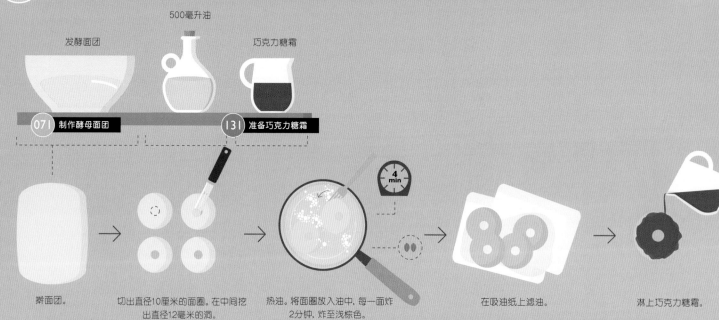

500毫升油

发酵面团　　　　　巧克力糖霜

071 制作酵母面团　　　**131** 准备巧克力糖霜

4 min

擀面团。

切出直径10厘米的面圈。在中间挖出直径12毫米的洞。

热油。将面圈放入油中，每一面炸2分钟，炸至浅棕色。

在吸油纸上滤油。

淋上巧克力糖霜。

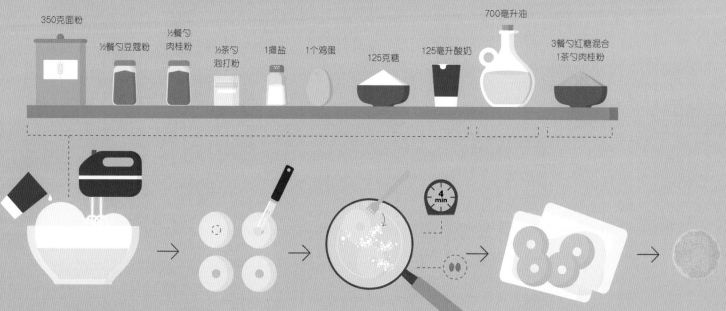

350克面粉　½餐勺豆蔻粉　½餐勺肉桂粉　½茶勺泡打粉　1撮盐　1个鸡蛋　125克糖　125毫升酸奶　700毫升油　3餐勺红糖混合1茶勺肉桂粉

4 min

取一个碗混合鸡蛋和糖，抽打至完全融合。取一个碗混合其他所有原料。将两碗原料混合，搅拌均匀。

切面圈。切出直径10厘米的面圈。在中间挖出直径12毫米的洞。

热油。将面圈放入油中，每一面炸2分钟，炸至浅棕色。

在吸油纸上滤油。

撒上肉桂糖。

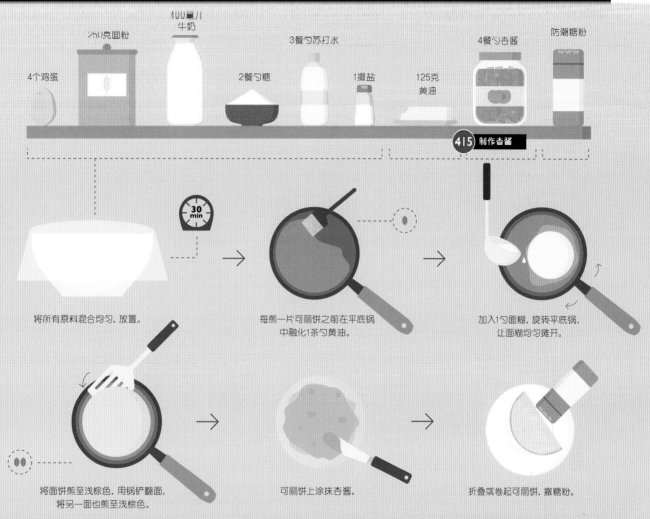

4个鸡蛋　250克面粉　100毫升牛奶　2餐勺糖　3餐勺苏打水　1撮盐　125克黄油　4餐勺杏酱　防潮糖粉

415 制作杏酱

30 min

将所有原料混合均匀，放置。

每煎一片可丽饼之前在平底锅中融化1茶勺黄油。

加入1勺面糊，旋转平底锅，让面糊均匀摊开。

将面饼煎至浅棕色，用锅铲翻面，将另一面也煎至浅棕色。

可丽饼上涂抹杏酱。

折叠或卷起可丽饼，撒糖粉。

---

325 摊巧克力可丽饼 fry crepes with chocolate

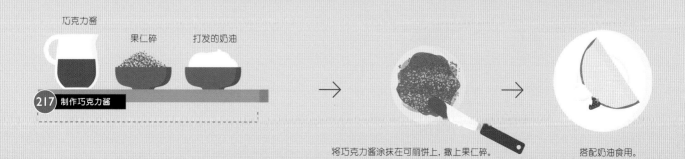

巧克力酱　果仁碎　打发的奶油

217 制作巧克力酱

将巧克力酱涂抹在可丽饼上，撒上果仁碎。

搭配奶油食用。

烧烤

grill

326 啤酒罐烤鸡 grill a beer-can chicken

1只鸡清洗准备好　1餐勺油　1餐勺香料碎　盐　胡椒　黄油　啤酒

用黄油、盐、胡椒和香料
涂抹鸡身。

打开一听啤酒，喝掉一半，塞入香料。

全熟
80~85°C

✱ 必须盖上盖子才能成功。

1根迷迭香
1根百里香
3根欧芹

将啤酒罐插入鸡体内。

327 烤羊肉串 make shish kebab

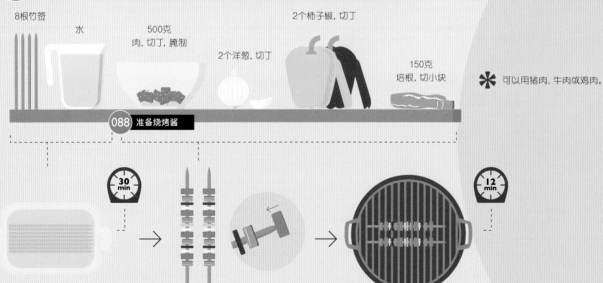

8根竹签　水　500克 肉，切丁，腌制　2个洋葱，切丁　2个柿子椒，切丁　150克 培根，切小块

✱ 可以用猪肉、牛肉或鸡肉。

088 准备烧烤酱

30 min

12 min

把竹签在水中浸泡。

把肉丁、洋葱、彩椒和培根隔段地串上。

在烧烤架上每一面烤6-10分钟，
具体根据肉的情况。

水

1 500克
腌制猪肋排

088 准备烧烤酱

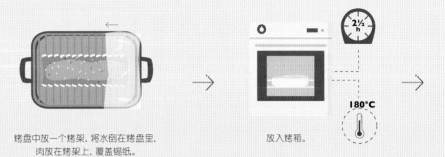

烤盘中放一个烤架，将水倒在烤盘里，
肉放在烤架上，覆盖锡纸。

放入烤箱。

2½ h

180°C

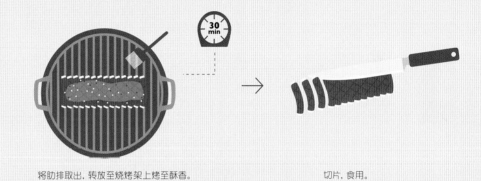

30 min

将肋排取出，转放至烧烤架上烤至酥香。

切片，食用。

涂抹用油

8根猪肉肠

8 min

用油涂抹香肠，
在烤架上每一面烤4-6分钟。

胡椒

4块牛排
（每块约200克），腌制 　盐

胡椒　　涂抹用油

4块金枪鱼排
（刺身级别，每块175克）　盐

088 准备烧烤酱

切掉多余的脂肪。

用胡椒、盐给鱼排调味，刷油。

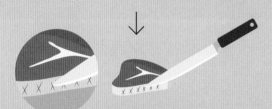

防止肉排打卷，将侧边划一下。

将牛排放在预热过的烤架上。

✳ 搭配香草、黄油食用。

079 制作调味黄油

6 min

将鱼排放在烧烤架上，每面烤3分钟。

8 min

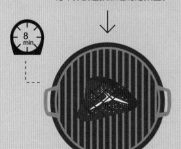

三分熟
52~55°C
五分熟
60~65°C
全熟
70°C以上

五分熟的话将每一面烤4~6分钟。加盐、胡椒调味。

✳ 可以用比目鱼或三文鱼代替金枪鱼。

332 迷迭香烤猪排 make pork chops with rosemary

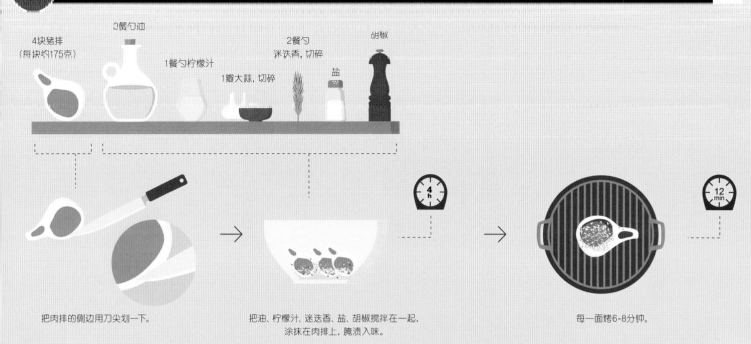

4块猪排
（每块约175克）

2餐勺油

1餐勺柠檬汁

1瓣大蒜，切碎

2餐勺
迷迭香，切碎

盐

胡椒

4 h

12 min

把肉排的侧边用刀尖划一下。

把油、柠檬汁、迷迭香、盐、胡椒搅拌在一起，
涂抹在肉排上，腌渍入味。

每一面烤6-8分钟。

333 烤腌渍羊排 make marinated lamb chops

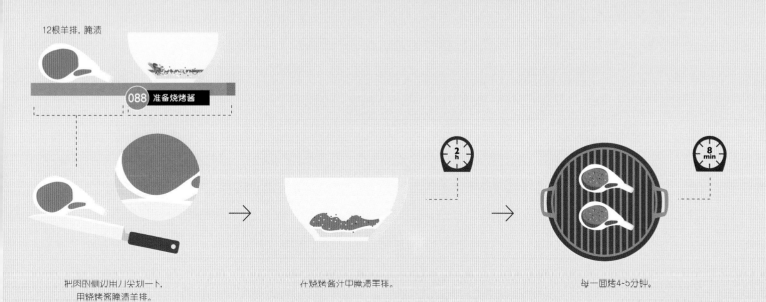

12根羊排，腌渍

088 准备烧烤酱

2 h

8 min

把肉排的侧边用刀尖划一下，
用烧烤酱腌渍羊排。

在烧烤酱汁中腌渍羊排。

每一面烤4-5分钟。

400克牛肉馅　2餐勺油　盐　胡椒

用手攥成4个肉饼。

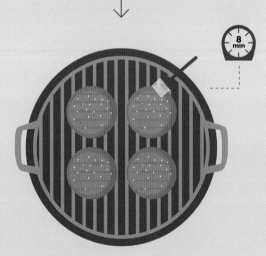

8 min

把烤架刷上油。把肉饼的每一面烤4分钟。

芝麻汉堡面包胚 ---
酸黄瓜 ---
番茄 ---
车达奶酪 ---
烤牛肉 ---
洋葱 ---
生菜 ---
番茄酱 ---

经典汉堡

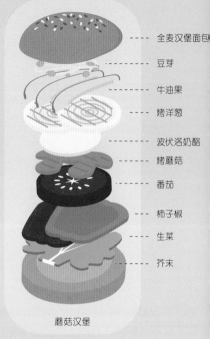

--- 全麦汉堡面包
--- 豆芽
--- 牛油果
--- 烤洋葱
--- 波伏洛奶酪
--- 烤蘑菇
--- 番茄
--- 柿子椒
--- 生菜
--- 芥末

蘑菇汉堡

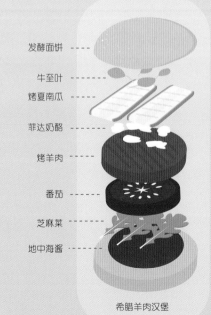

发酵面饼 ---
牛至叶 ---
烤夏南瓜 ---
菲达奶酪 ---
烤羊肉 ---
番茄 ---
芝麻菜 ---
地中海酱 ---

希腊羊肉汉堡

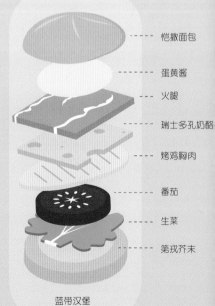

--- 恺撒面包
--- 蛋黄酱
--- 火腿
--- 瑞士多孔奶酪
--- 烤鸡胸肉
--- 番茄
--- 生菜
--- 第戎芥末

蓝带汉堡

336 雪松木板烤三文鱼 prepare cedar-plank salmon

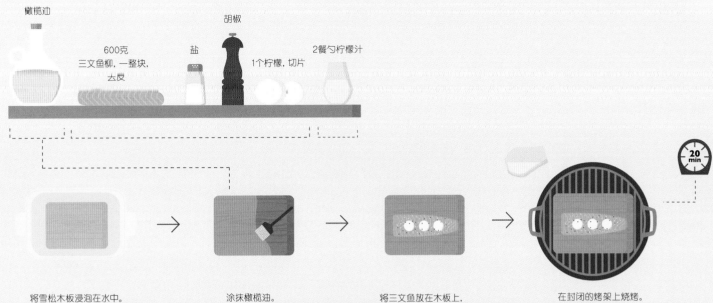

橄榄油

600克
三文鱼柳,一整块,
去皮

盐

胡椒

1个柠檬,切片

2餐勺柠檬汁

20 min

将雪松木板浸泡在水中。

涂抹橄榄油。

将三文鱼放在木板上,
用胡椒、盐调味,用柠檬切片点缀。

在封闭的烤架上烧烤。
不时淋一下柠檬汁。

337 锡纸烤奶酪 grill cheese in foil

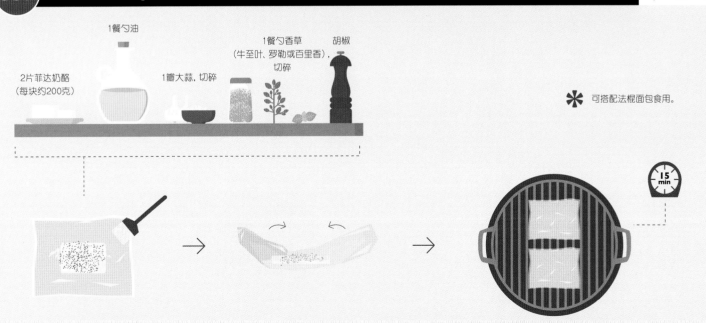

2片菲达奶酪
(每块约200克)

1餐勺油

1瓣大蒜,切碎

1餐勺香草
(牛至叶、罗勒或百里香),
切碎

胡椒

✻ 可搭配法棍面包食用。

15 min

每块菲达奶酪都撒上香草碎和蒜末,
用抹过油的锡纸包好。

卷好。

在烤架上烤制,加胡椒调味。

187

338 锡纸烤鳟鱼 prepare trout in foil

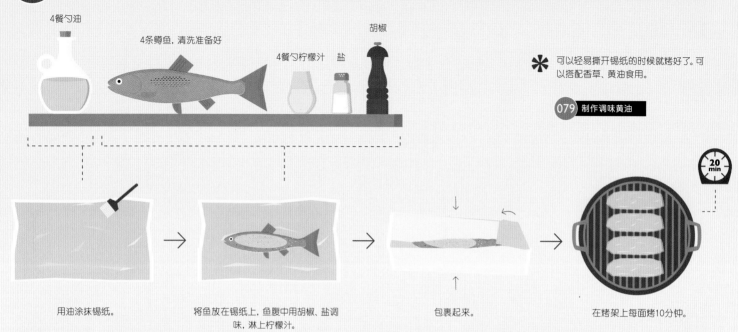

4餐勺油

4条鳟鱼，清洗准备好

4餐勺柠檬汁　盐

胡椒

可以轻易撕开锡纸的时候就烤好了。可以搭配香草、黄油食用。

079 制作调味黄油

20 min

用油涂抹锡纸。

将鱼放在锡纸上，鱼腹中用胡椒、盐调味，淋上柠檬汁。

包裹起来。

在烤架上每面烤10分钟。

339 烤大虾串 grill shrimp skewers

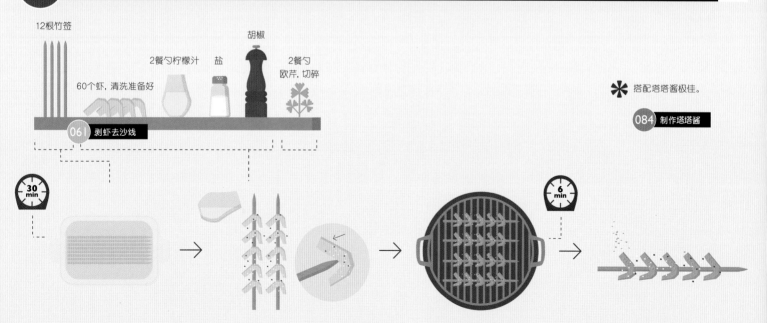

12根竹签

60个虾，清洗准备好

2餐勺柠檬汁　盐

胡椒

2餐勺欧芹，切碎

061 剥虾去沙线

搭配塔塔酱极佳。

084 制作塔塔酱

30 min

6 min

竹签在水中浸泡。

每根竹签上串5只虾。用柠檬汁、胡椒、盐调味。

在烤架上煎，每一面3分钟。

用欧芹点缀。

340　意式烧烤头盘 grill antipasti

1餐勺油

2瓣大蒜，压碎

1餐勺柠檬汁　盐

胡椒

1小撮糖

1餐勺混合香草
（牛至叶、罗勒或百里香），
切碎

2个茄子，切片
2个红色彩椒，切丝
2个黄色彩椒，切丝
3根夏南瓜，切四角
6个番茄，切成两半
8个小洋葱，切成两半

　　　10 min

❋ 可以加入2餐勺黑醋和4餐勺橄榄油淋在蔬菜上。

将所有原料混合制作腌料。

锡纸放在烤架上，刷上腌料。

蔬菜放在锡纸上，刷上腌料。烤蔬菜，每一面5分钟。

341　香葱欧芹烤韭葱 grill leeks with chives and parsley

2餐勺白葡萄酒醋

1餐勺辣芥末

1餐勺欧芹，切碎

1餐勺香葱，切碎

4根韭葱

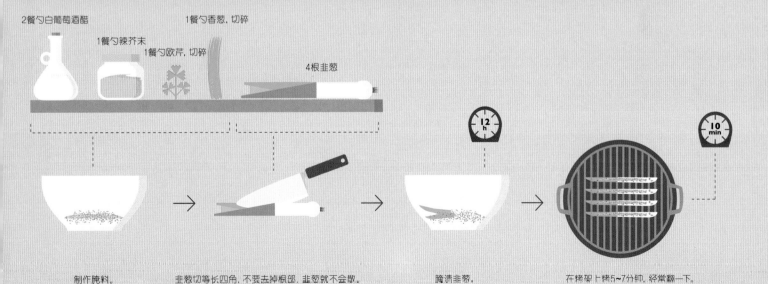

12 h　10 min

制作腌料。

韭葱切等长四角，不要去掉根部，韭葱就不会散。

腌渍韭葱。

在烤架上烤5~7分钟，经常翻一下。

189

342 烤玉米 grill corn on the cob

4个
玉米, 去皮去穗　　　500毫升水　　　2餐勺油

盐

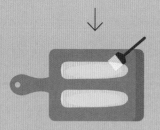

玉米在水中浸泡。

↓

沥干刷油。

↓

在烤架上要经常翻滚, 上桌前用盐调味。

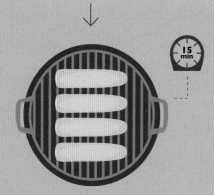

343 烤土豆 roast potatoes on the grill

8个中号土豆,
切成12毫米厚的片　　　3餐勺葵花子油　　　盐　　　胡椒

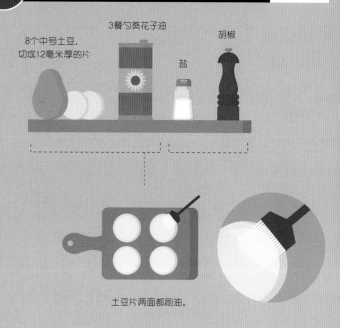

土豆片两面都刷油。

↓

加盐、胡椒调味。

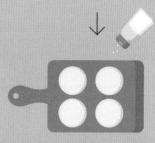

↓

在烤架上每面烤6-7分钟。

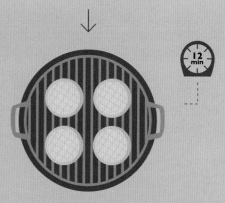

344 锡纸烤蔬菜 cook vegetables in foil

1根小青南瓜, 切丁
100克
胡萝卜, 切丁   2餐勺油
胡椒
100克
韭葱, 切细丝   4个小洋葱, 切薄圈   盐

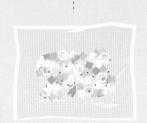      

将蔬菜放在锡纸上, 用油搅拌, 加盐、胡椒调味。　　包起来。　　把锡纸包放在红碳里或在烤架上烤10分钟。

345 烤水果串 grill fruit skewers

8根竹签   水
625克混合水果   2餐勺朗姆酒
（桃子、甜瓜、无花果、香蕉）
2个柠檬榨汁   1餐勺蜂蜜

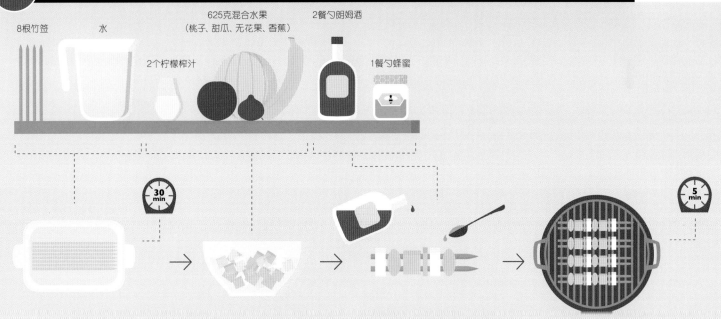

竹签在水中浸泡。　　混合1升水和柠檬汁。水果切块放在水中。　　用两根竹签串水果, 淋上朗姆酒和蜂蜜。　　烤至甜蜜黏稠。

烘焙

bake

346 锡纸烤土豆 make baked potatoes

4个大土豆

✳ 这道菜是烧烤类食物的完美配菜。

土豆洗净，包裹锡纸，放进烤盘。

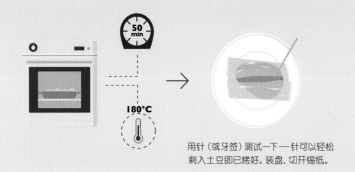

50 min

180°C

用针（或牙签）测试一下—针可以轻松刺入土豆即已烤好。装盘，切开锡纸。

347 烤土豆配蘸酱 make baked potatoes with dip

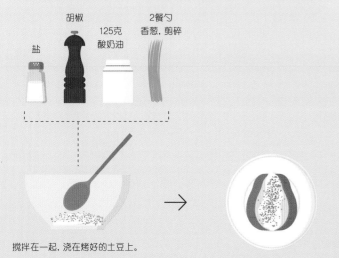

盐　胡椒　125克 酸奶油　2餐勺 香葱，剪碎

搅拌在一起，浇在烤好的土豆上。

348 烤土豆配炒蛋
make potatoes with scrambled eggs

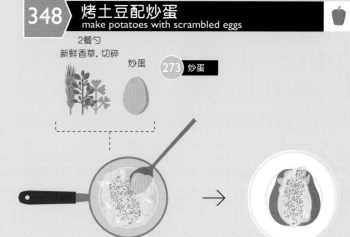

2餐勺 新鲜香草，切碎　炒蛋　273 炒蛋

将鸡蛋和新鲜香草一起炒制，填在烤好的土豆中间。

349 烤土豆配大虾 make baked potatoes with shrimp

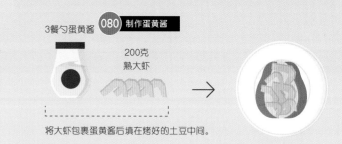

3餐勺蛋黄酱　080 制作蛋黄酱

200克 熟大虾

将大虾包裹蛋黄酱后填在烤好的土豆中间。

350 烤土豆配芝士酱
make baked potatoes with cheese sauce

 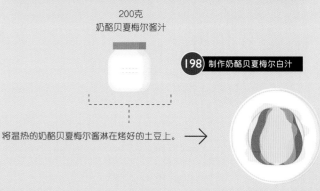

200克 奶酪贝夏梅尔酱汁

198 制作奶酪贝夏梅尔白汁

将温热的奶酪贝夏梅尔酱淋在烤好的土豆上。

1 000克
脆土豆

1瓣大蒜

2匙黄油

盐

胡椒

550克
奶油

土豆去皮切成薄片。

用蒜瓣和黄油涂抹烤盘。将土豆片码放在烤盘中，稍微有些部分的重叠。用胡椒、盐调味。

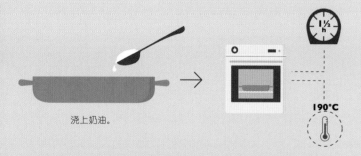

浇上奶油。

1½ h

190°C

180克
韭葱，切细丝

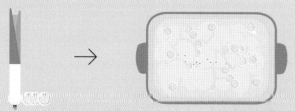

将韭葱和土豆片一起码放在烤盘中。

250克千层面片
（准备好放进烤箱）

1餐匙黄油

250克
贝夏梅尔酱汁

500克
波伦亚酱汁

125克
帕玛森奶酪碎

197 制作贝夏梅尔白汁　**147** 准备波伦亚酱汁

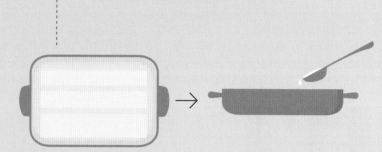

用黄油涂抹烤盘。铺上一层意面。面片之间可以稍有重叠。

摊一层贝夏梅尔酱汁。

摊一层波伦亚酱汁，撒上帕玛森奶酪碎。反复几层，最后一层盖上面片。

在面片上涂抹贝夏梅尔酱汁，撒上奶酪。

50 min

190°C

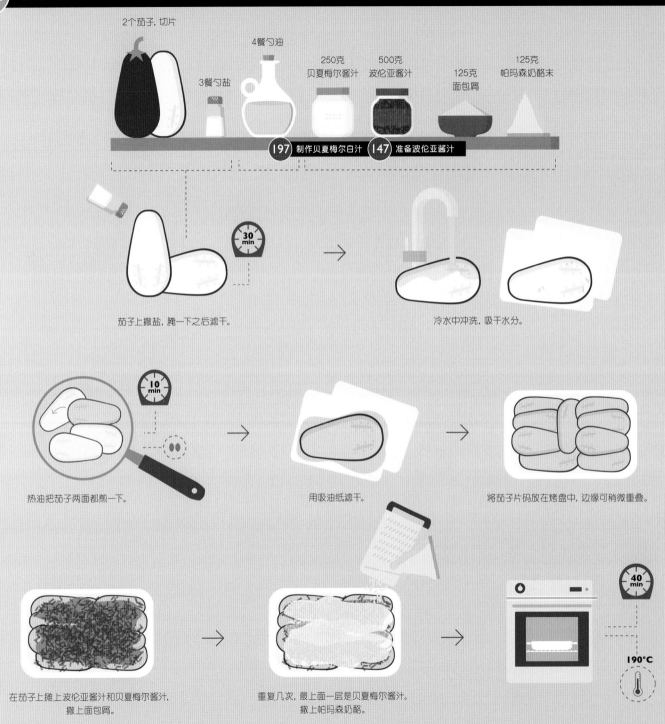

2个茄子,切片

3餐勺盐

4餐勺油

250克
贝夏梅尔酱汁

500克
波伦亚酱汁

125克
面包屑

125克
帕玛森奶酪末

197 制作贝夏梅尔白汁　147 准备波伦亚酱汁

30 min

茄子上撒盐,腌一下之后滤干。

冷水中冲洗,吸干水分。

10 min

热油把茄子两面都煎一下。

用吸油纸滤干。

将茄子片码放在烤盘中,边缘可稍微重叠。

在茄子上摊上波伦亚酱汁和贝夏梅尔酱汁,撒上面包屑。

重复几次,最上面一层是贝夏梅尔酱汁。撒上帕玛森奶酪。

40 min

190℃

2个茄子, 切片

4餐勺油

3餐勺盐

500毫升
番茄酱汁

300克
鲜水牛奶酪, 切片

125克
帕玛森奶酪末

146 制作番茄酱汁

30 min — 茄子上撒盐, 腌一下之后滤干。

冷水中冲洗, 吸干水分。

10 min — 热油把茄子两面都煎一下。

用吸油纸滤干。

在烤盘中摊上番茄酱汁。

将茄子片码放在烤盘中, 然后码放水牛奶酪切片。
重复几次。最后一层是番茄酱。

撒上帕玛森奶酪。

40 min
190°C

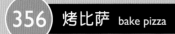

比萨面团

070 准备比萨面团

压成圆饼

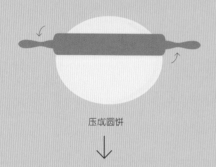

铺上配料

200毫升
番茄酱汁

盐

2餐勺橄榄油

146 制作番茄酱汁

358 烤番茄水牛奶酪比萨 bake pizza pomodoro e mozzarella

200毫升
番茄酱汁

200克
水牛奶酪, 切片

2餐勺橄榄油

20片罗勒叶

146 制作番茄酱汁

359 烤红衣主教比萨 bake pizza cardinale

200毫升
番茄酱汁

200克
水牛奶酪, 切片

200克
水煮火腿, 切片

20片
罗勒叶

146 制作番茄酱汁

360 烤洋葱橄榄比萨 bake pizza with onions and olives

4餐勺油

300克
可能切成细丝

250克
菲达奶酪,切丁

16颗去核
黑橄榄

8 min

热油,煎至洋葱变软。

将洋葱、菲达奶酪和橄榄铺在比萨面饼上。

361 烤白汁比萨 bake pizza bianca

2餐勺新鲜香草
(迷迭香、百里香、牛至叶),
切碎

4餐勺橄榄油

400克
水牛奶酪切片

362 烤四种乳酪比萨 bake pizza quattro formaggi

200毫升
番茄酱汁

50克戈贡佐拉,切片
125克格鲁耶尔奶酪末
150克高达奶酪末
150克水牛奶酪,切片

116 制作番茄酱汁

把戈贡佐拉奶酪片和两种奶酪末撒在面饼上
其上放水牛奶酪片。

363 烤佛卡夏 bake focaccia

海盐

2餐勺
迷迭香,切碎

2餐勺橄榄油

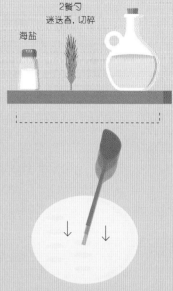

用勺把在面团上戳出酒窝。

撒上海盐和迷迭香,淋上橄榄油。

20 min

200℃

364 烤面包 make bread

面包面团

1个鸡蛋

069 制作面包面团

抽打蛋白。

+

把面团放进吐司盒，刷上蛋白。

↓

45 min

180℃

✳ 也可以做成小面包卷，只需要烤25分钟。

365 烤玉米面包 make corn bread

235克玉米淀粉　75克面粉　1餐勺糖　1餐勺盐　1餐勺泡打粉　1餐勺小苏打　2个鸡蛋　3餐勺油　200毫升牛奶

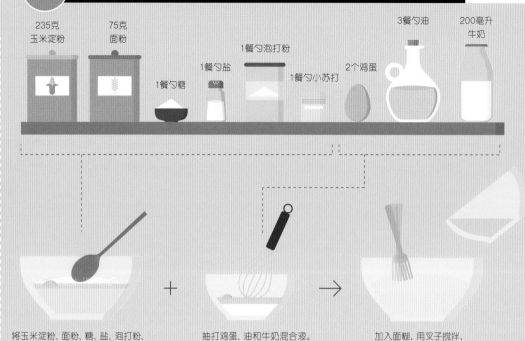

将玉米淀粉、面粉、糖、盐、泡打粉、小苏打混合搅拌。

+

抽打鸡蛋、油和牛奶混合液。

→

加入面糊，用叉子搅拌，面糊不会太顺滑。

将面糊倒进抹过黄油的吐司盒里。

↓

20 min

200℃

366 烤甜玉米面包 make sweet corn bread

2餐勺蜂蜜

2餐勺糖

将2餐勺糖和2餐勺蜂蜜加入玉米淀粉面团中，和玉米面包一样烤制。

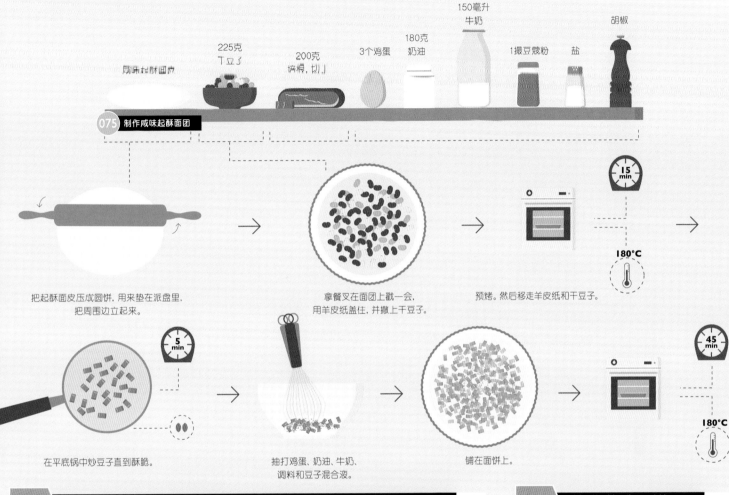

150毫升
牛奶

胡椒

225克
干豆子

200克
培根，切丁

3个鸡蛋

180克
奶油

1撮豆蔻粉

盐

咸味起酥面皮

075 制作咸味起酥面团

15 min

180°C

把起酥面皮压成圆饼，用来垫在派盘里，
把周围边立起来。

拿餐叉在面团上戳一会，
用羊皮纸盖住，并撒上干豆子。

预烤。然后移走羊皮纸和干豆子。

5 min

45 min

180°C

在平底锅中炒豆子直到酥脆。

抽打鸡蛋、奶油、牛奶、
调料和豆子混合液。

铺在面饼上。

250克
菠菜叶

水

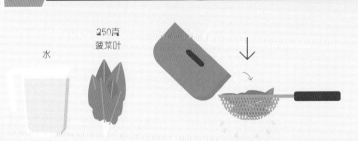

用菠菜代替培根。用热水淋一下菠菜，
滤干，挤掉水分。

菠菜切碎，加到蛋液中。

250克
韭葱，切细丝

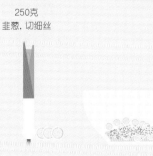

用韭葱代替培根，加入蛋液中。

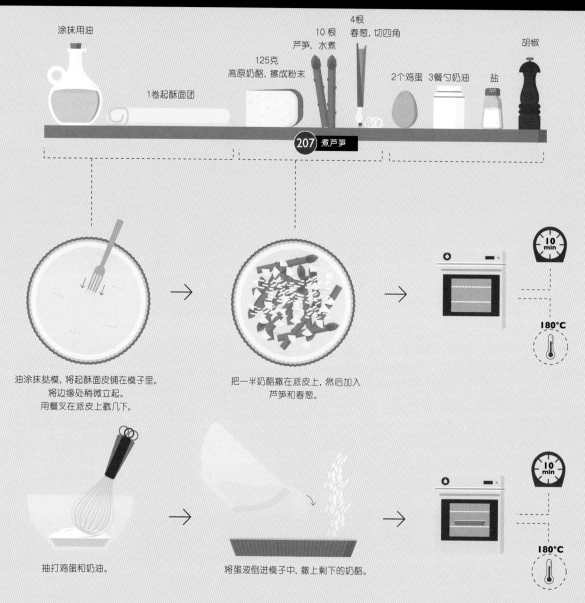

涂抹用油

1卷起酥面团

125克
高原奶酪, 擦成粉末

10根
芦笋, 水煮

4根
春葱, 切四角

2个鸡蛋　3餐勺奶油

盐

胡椒

207 煮芦笋

油涂抹挞模, 将起酥面皮铺在模子里。
将边缘处稍微立起。
用餐叉在派皮上戳几下。

把一半奶酪撒在派皮上, 然后加入
芦笋和春葱。

10 min

180°C

抽打鸡蛋和奶油。

将蛋液倒进模子中, 撒上剩下的奶酪。

10 min

180°C

＊ 也可以选用其他应季蔬菜,
比如夏南瓜或柿子椒。

＊ 也可以直接用烤盘盛装, 所
有原料剂量翻倍。

371 焗蔬菜意面 make pasta casserole with vegetables

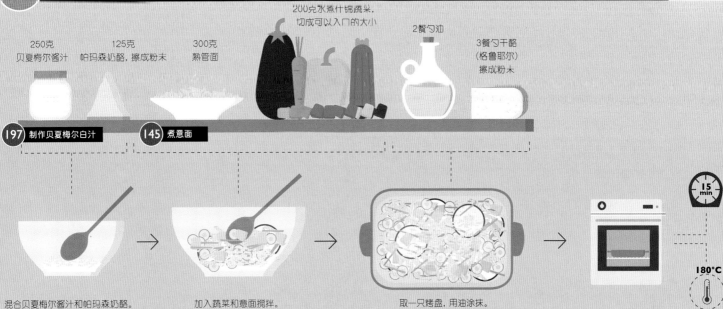

250克
贝夏梅尔酱汁

125克
帕玛森奶酪,擦成粉末

300克
熟管面

200克水煮什锦蔬菜,
切成可以入口的大小

2餐勺油

3餐勺干酪
(格鲁耶尔)
擦成粉末

197 制作贝夏梅尔白汁

145 煮意面

15 min

180℃

混合贝夏梅尔酱汁和帕玛森奶酪。

加入蔬菜和意面搅拌。

取一只烤盘,用油涂抹。
放入意面混合材料,撒上奶酪。

372 烤奶酪松饼卷 make scalloped pancakes with cheese

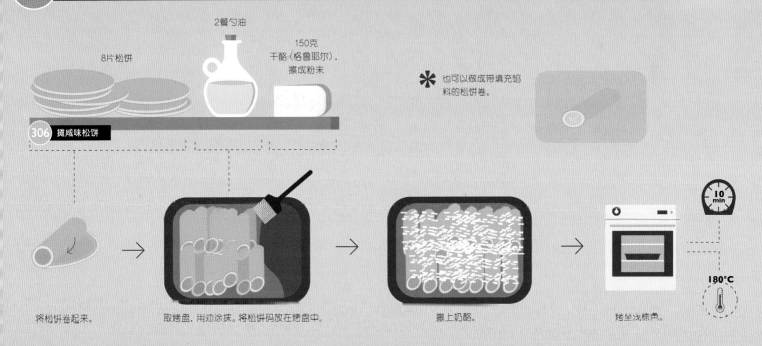

8片松饼

2餐勺油

150克
干酪(格鲁耶尔),
擦成粉末

※ 也可以做成带填充馅
料的松饼卷。

306 摊咸味松饼

10 min

180℃

将松饼卷起来。

取烤盘,用油涂抹。将松饼码放在烤盘中。

撒上奶酪。

烤至浅棕色。

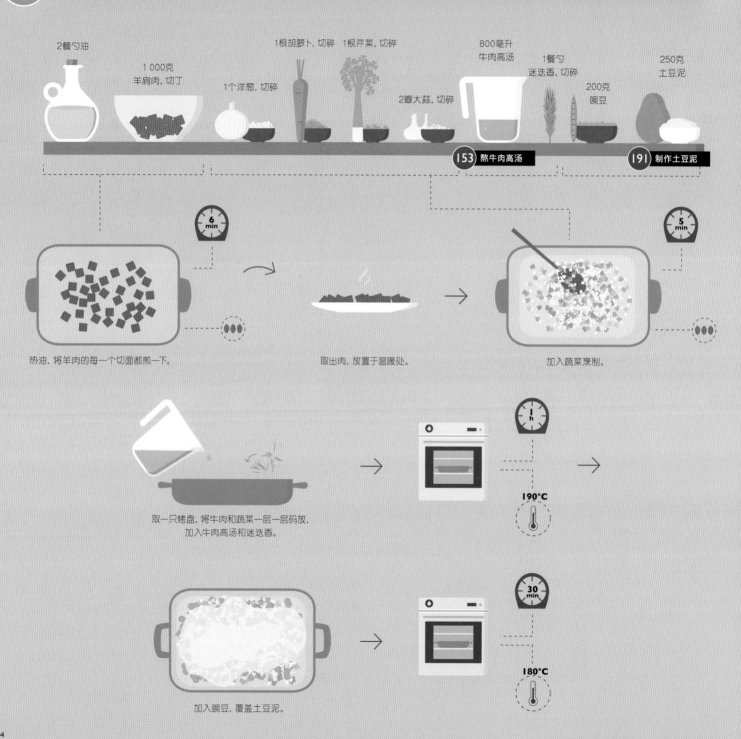

2餐勺油

1 000克
羊肩肉, 切丁

1个洋葱, 切碎

1根胡萝卜, 切碎

1根芹菜, 切碎

2瓣大蒜, 切碎

800毫升
牛肉高汤

1餐勺
迷迭香, 切碎

200克
豌豆

250克
土豆泥

153 熬牛肉高汤

191 制作土豆泥

6 min

5 min

热油, 将羊肉的每一个切面都煎一下。

取出肉, 放置于温暖处。

加入蔬菜熬制。

取一只烤盘, 将牛肉和蔬菜一层一层码放, 加入牛肉高汤和迷迭香。

1 h

190℃

加入豌豆, 覆盖土豆泥。

30 min

180℃

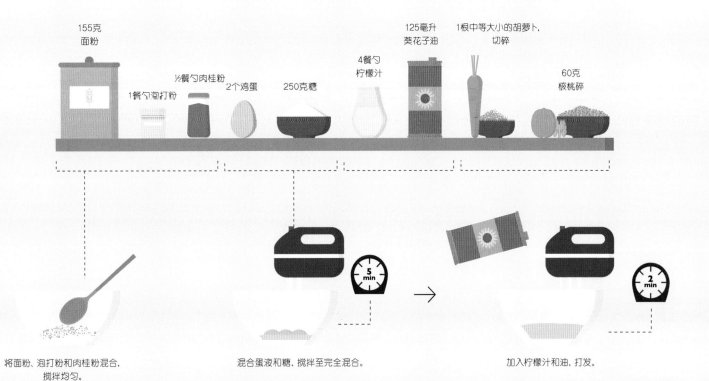

155克
面粉

1餐勺泡打粉

½餐勺肉桂粉

2个鸡蛋

250克糖

4餐勺
柠檬汁

125毫升
葵花子油

1根中等大小的胡萝卜,
切碎

60克
核桃碎

将面粉、泡打粉和肉桂粉混合,
搅拌均匀。

混合蛋液和糖,搅拌至完全混合。

加入柠檬汁和油,打发。

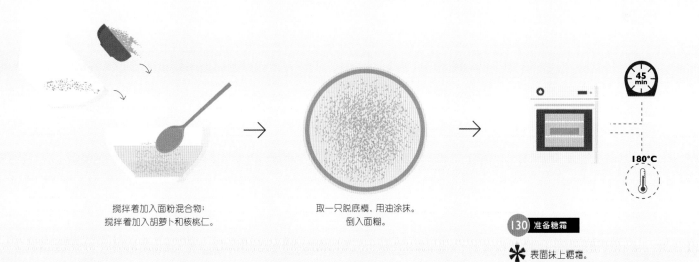

搅拌着加入面粉混合物;
搅拌着加入胡萝卜和核桃仁。

取一只脱底模,用油涂抹。
倒入面糊。

45 min

180°C

130 准备糖霜

✱ 表面抹上糖霜。

250克杏酱

海绵蛋糕面糊

077 制作海绵蛋糕面糊   **415** 制作杏酱

将海绵蛋糕放在烘焙纸上，稍微冷却。

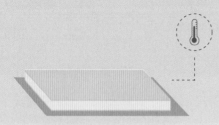

涂抹杏酱。

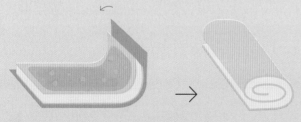

趁热卷起，冷却。

✳ 可以用巧克力奶油做馅料或点
缀巧克力薄荷叶。

127 准备巧克力黄油酱

133 制作巧克力薄荷叶

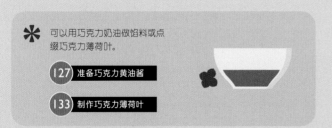

1餐勺黄油   1餐勺面包屑   蛋糕面糊   2餐勺可可粉

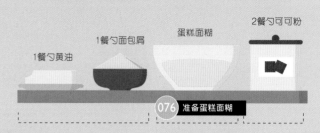

076 准备蛋糕面糊

取一只吐司盒，用黄油涂抹，撒上面包屑。

将面糊分成两份，放在两个碗里，其中一碗中混合可可粉。

将两碗面糊交替着倒入吐司盒。反复几次。

30 min

180°C

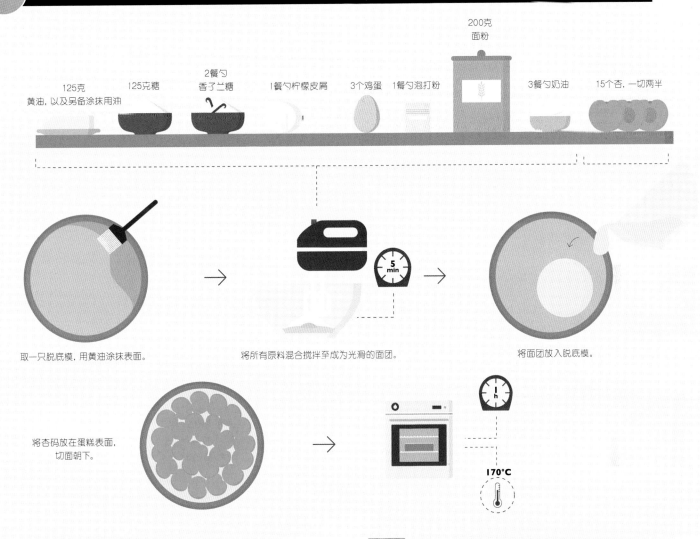

200克
面粉

125克
黄油,以及另备涂抹用油　　125克糖　　2餐勺
香了兰糖　　1餐勺柠檬皮屑　　3个鸡蛋　　1餐勺泡打粉　　3餐勺奶油　　15个杏,一切两半

取一只脱底模,用黄油涂抹表面。

将所有原料混合搅拌至成为光滑的面团。

将面团放入脱底模。

将杏码放在蛋糕表面,切面朝下。

170°C

378 烤李子蛋糕 make plum cake

用15个李子代替杏。

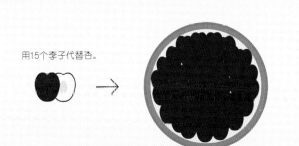

379 烤樱桃蛋糕 make cherry cake

用500克去核樱桃代替杏。

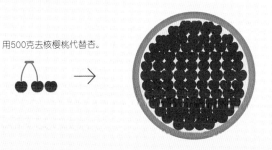

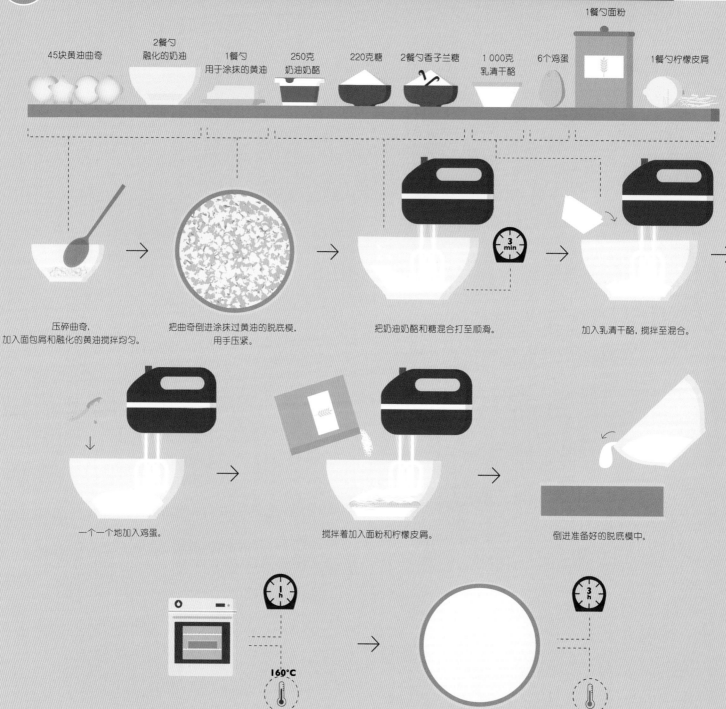

1餐勺面粉

45块黄油曲奇　　2餐勺融化的奶油　　1餐勺用于涂抹的黄油　　250克奶油奶酪　　220克糖　　2餐勺香子兰糖　　1 000克乳清干酪　　6个鸡蛋　　1餐勺柠檬皮屑

3 min

压碎曲奇,加入面包屑和融化的黄油搅拌均匀。

把曲奇倒进涂抹过黄油的脱底模,用手压紧。

把奶油奶酪和糖混合打至顺滑。

加入乳清干酪,搅拌至混合。

一个一个地加入鸡蛋。

搅拌着加入面粉和柠檬皮屑。

倒进准备好的脱底模中。

160°C

盖上盖子,冷藏。

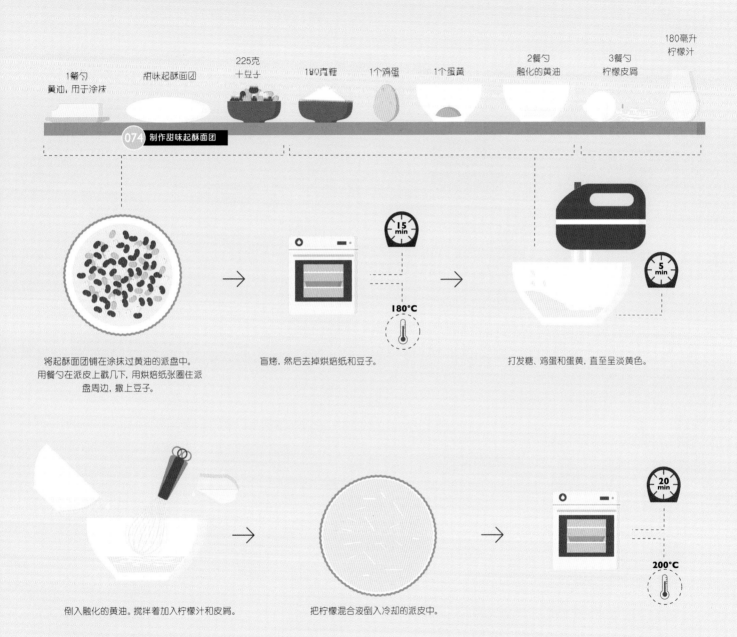

1餐勺
黄油，用于涂抹

甜味起酥面团

225克
十豆子

180克糖

1个鸡蛋

1个蛋黄

2餐勺
融化的黄油

3餐勺
柠檬皮屑

180毫升
柠檬汁

074 制作甜味起酥面团

15 min

180°C

5 min

将起酥面团铺在涂抹过黄油的派盘中。用餐勺在派皮上戳几下，用烘焙纸张圈住派盘周边，撒上豆子。

盲烤，然后去掉烘焙纸和豆子。

打发糖、鸡蛋和蛋黄，直至呈淡黄色。

20 min

200°C

倒入融化的黄油。搅拌着加入柠檬汁和皮屑。

把柠檬混合液倒入冷却的派皮中。

382 烤无淀粉的巧克力蛋糕 bake flourless chocolate cake

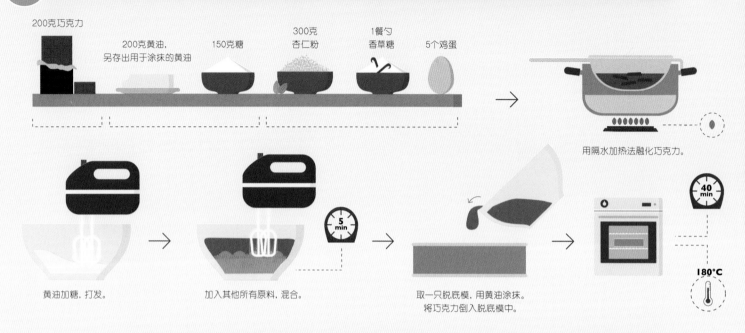

200克巧克力

200克黄油，
另存出用于涂抹的黄油

150克糖

300克
杏仁粉

1餐勺
香草糖

5个鸡蛋

用隔水加热法融化巧克力。

黄油加糖，打发。

5 min

加入其他所有原料，混合。

取一只脱底模，用黄油涂抹。
将巧克力倒入脱底模中。

40 min

180°C

383 烤布朗尼 make brownies

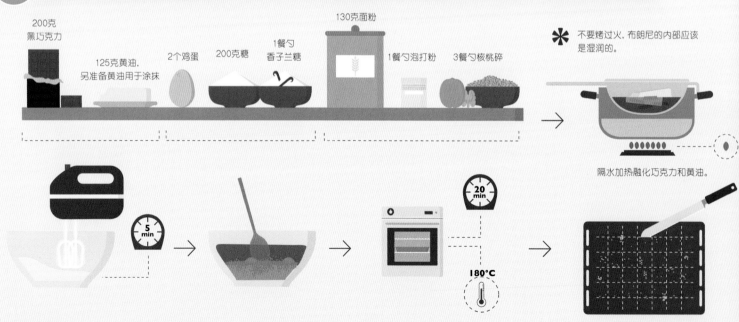

200克
黑巧克力

125克黄油，
另准备黄油用于涂抹

2个鸡蛋

200克糖

1餐勺
香子兰糖

130克面粉

1餐勺泡打粉

3餐勺核桃碎

✳ 不要烤过火，布朗尼的内部应该
是湿润的。

隔水加热融化巧克力和黄油。

打发鸡蛋，糖和香子兰糖至混合。

5 min

搅拌着加入巧克力、面粉、泡打粉和核桃碎。

将面糊倒入涂抹过黄油的烤盘中烘焙。

20 min

180°C

冷却，切成方形。

120克面粉　　　　　2餐勺油

1餐勺 1撮肉桂粉 1个鸡蛋
泡打粉　　　　　80克糖　　　　125克酸奶　　1餐勺黄油

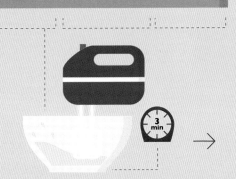

混合面粉、泡打粉和肉桂粉，　　　　将鸡蛋和糖一起打发。
搅拌均匀。

3 min

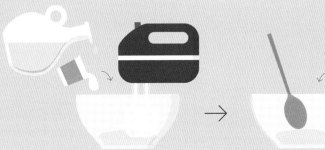

加入油和酸奶，混合。　　　　搅拌着加入面糊。

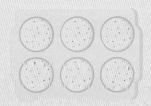

将面糊倒进6连的麦芬盘。

25 min

160°C

385 烤蓝莓麦芬
make blueberry muffins

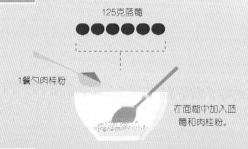

1餐勺肉桂粉

在面糊中加入蓝
莓和肉桂粉。

386 烤巧克力麦芬
make chocolate muffins

2餐勺可可粉

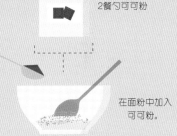

在面粉中加入
可可粉。

387 烤巧克力豆麦芬
make chocolate chip muffins

100克巧克力豆

将巧克力豆加入
面糊中。

388 烤夏南瓜麦芬
make zucchini muffins

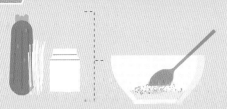

用鲜奶油代替酸奶，往面糊中加入120到150克
切成细丝的夏南瓜。

211

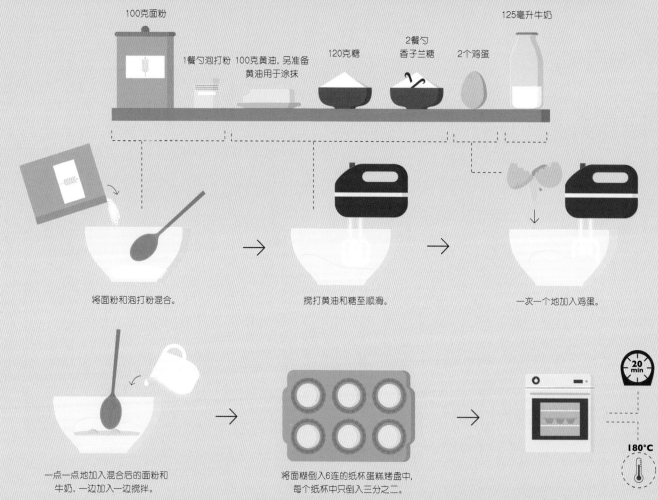

100克面粉

1餐勺泡打粉　100克黄油，另准备黄油用于涂抹

120克糖

2餐勺香子兰糖

2个鸡蛋

125毫升牛奶

将面粉和泡打粉混合。

搅打黄油和糖至顺滑。

一次一个地加入鸡蛋。

一点一点地加入混合后的面粉和牛奶，一边加入一边搅拌。

将面糊倒入6连的纸杯蛋糕烤盘中，每个纸杯中只倒入三分之二。

20 min

180℃

390 烤巧克力纸杯蛋糕 make chocolate cupcakes

75克可可粉

将面粉和可可粉搅拌均匀。

如果喜欢，可以加入2餐勺巧克力豆。

✱ 纸杯蛋糕糖霜：可以涂抹在顶部增加风味。

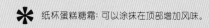

126 准备黄油酱　　127 准备巧克力黄油酱

413 制作柠檬冻　　134 制作巧克力蕾丝花边

130 准备糖霜　　　395 烤蛋白

133 制作巧克力薄荷叶

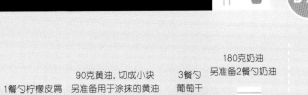

320克面粉

60克糖

1餐勺泡打粉

1餐勺柠檬皮屑

90克黄油,切成小块
另准备用于涂抹的黄油

3餐勺
葡萄干

180克奶油
另准备2餐勺奶油

300毫升
香草奶油冰激凌

巧克力酱

泡芙面团

073 制作泡芙酥皮   **217** 制作巧克力酱

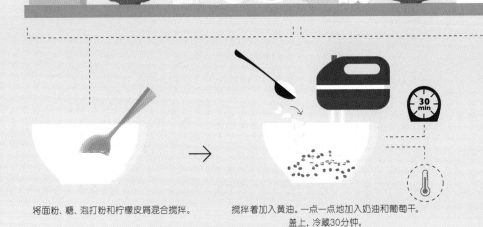

将面粉、糖、泡打粉和柠檬皮屑混合搅拌。

搅拌着加入黄油。一点一点地加入奶油和葡萄干。
盖上,冷藏30分钟。

用茶勺将核桃大小的泡芙面团放在烤盘上。

在撒了面粉的操作台上揉出面团,厚度约2-3厘米。

用饼干切环切出直径6厘米的圆饼。

180°C

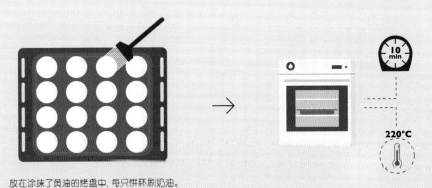

放在涂抹了黄油的烤盘中,每只饼环刷奶油。

220°C

让泡芙冷却,中间切开但不切断。每个中间放入一小
球香草奶油冰激凌。顶端淋上温热的巧克力酱。

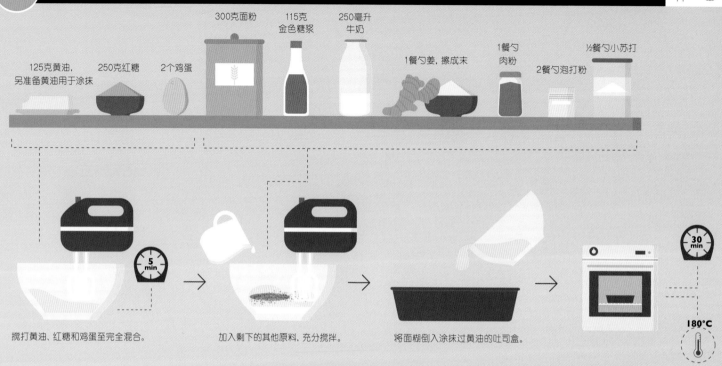

125克黄油，
另准备黄油用于涂抹

250克红糖

2个鸡蛋

300克面粉

115克
金色糖浆

250毫升
牛奶

1餐勺姜，擦成末

1餐勺
肉粉

2餐勺泡打粉

½餐勺小苏打

5 min

搅打黄油、红糖和鸡蛋至完全混合。

加入剩下的其他原料，充分搅拌。

将面糊倒入涂抹过黄油的吐司盒。

30 min

180°C

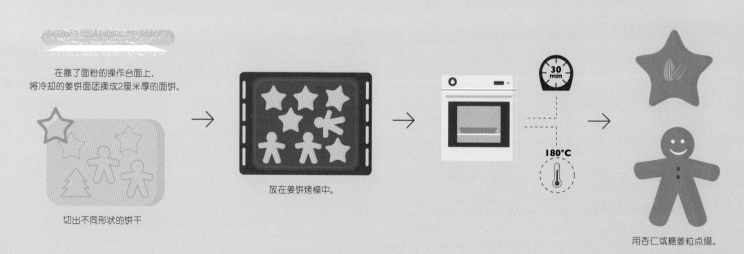

在撒了面粉的操作台面上，
将冷却的姜饼面团揉成2厘米厚的面饼。

切出不同形状的饼干

放在姜饼烤模中。

30 min

180°C

用杏仁或糖姜粒点缀。

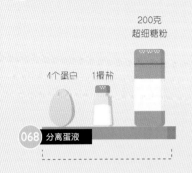

200克
超细糖粉

1个蛋白　1撮盐

068 分离蛋液

将蛋白和盐混合，搅打至干性发泡。

搅打中一点一点地加入超细糖粉。
蛋糊会变成闪闪的。

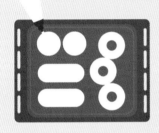

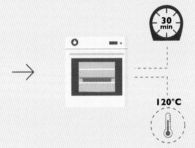

30 min

120°C

1½ h

将蛋糊放入裱花袋，挤出喜欢的造型。

冷却。

60克
覆盆子

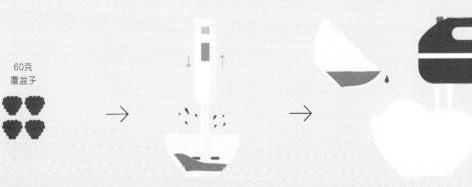

将覆盆子打成泥，过滤。

将过滤后的覆盆子果泥加入蛋白中。
按烤蛋白的方法烘焙。

✳ 可搭配水果酱食用。

216 准备水果酱

酵母面团　　5餐勺融化的黄油,　　75克糖　　1餐勺　　100克　　糖霜
　　　　　　另准备黄油用于涂抹　　　　　　肉桂粉　　葡萄干

071 制作酵母面团　　　　　　　　　　　　130 准备糖霜

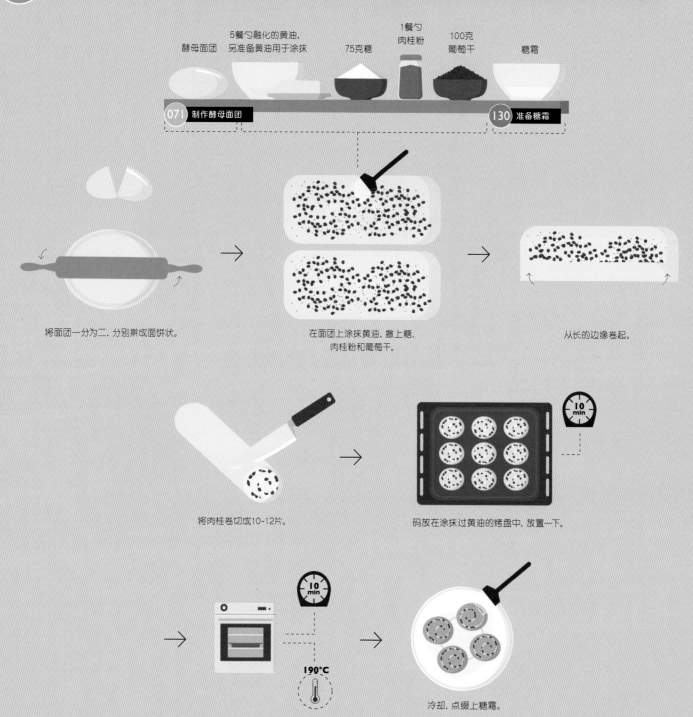

将面团一分为二,分别擀成面饼状。

在面团上涂抹黄油,撒上糖、
肉桂粉和葡萄干。

从长的边缘卷起。

将肉桂卷切成10~12片。

码放在涂抹过黄油的烤盘中,放置一下。

190°C

冷却,点缀上糖霜。

398 烤苹果奶酥派 make apple crumble

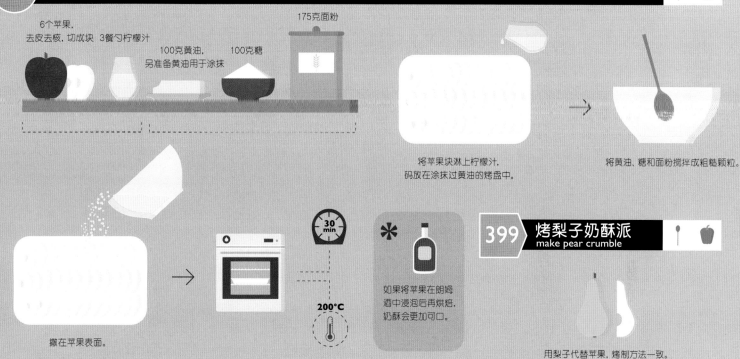

6个苹果,
去皮去核, 切成块　3餐勺柠檬汁

100克黄油,
另准备黄油用于涂抹

100克糖

175克面粉

将苹果块淋上柠檬汁,
码放在涂抹过黄油的烤盘中。

将黄油、糖和面粉搅拌成粗糙颗粒。

撒在苹果表面。

30 min

200°C

如果将苹果在朗姆
酒中浸泡后再烘焙,
奶酥会更加可口。

399 烤梨子奶酥派 make pear crumble

用梨子代替苹果, 烤制方法一致。

400 烤混合水果派 prepare scalloped fruit

1 000克新鲜水果 (桃子、樱桃、杏)
去核, 一切两半

1餐勺柠檬汁

90克糖

二分之一标准量的海绵
蛋糕面糊

077 制作海绵蛋糕面糊

将水果、柠檬汁和糖混合搅拌,
码放在烤盘中。

10 min

190°C

覆盖海绵蛋糕面糊。

20 min

100°C

烘焙至面糊呈现浅棕色。

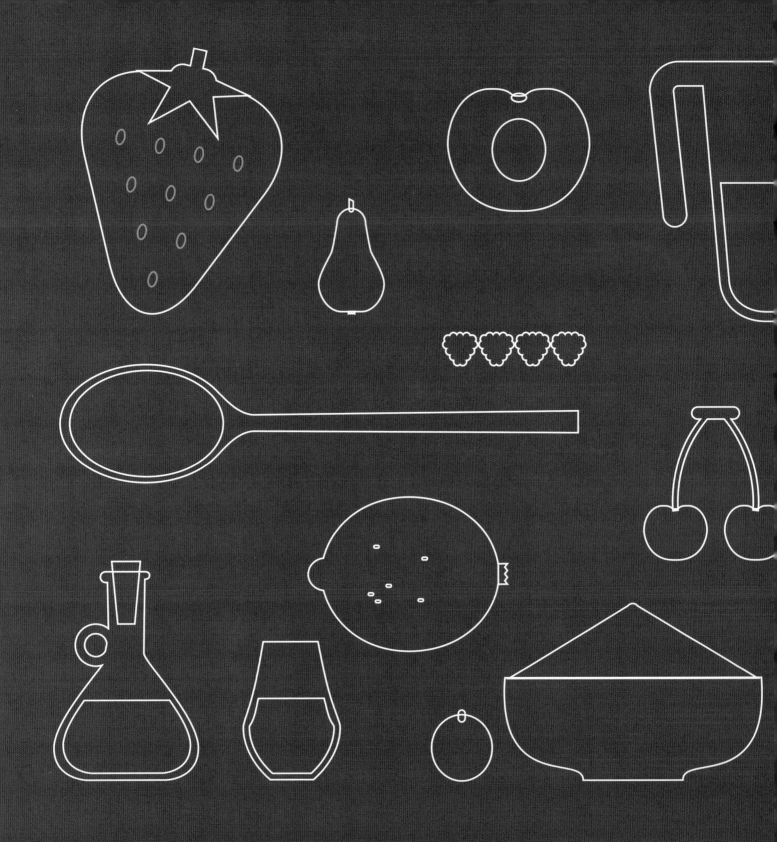

预制保存

preserve

冰镇腌黄瓜 make refrigerator pickles

×6

4根黄瓜, 切片

2个绿色柿子椒, 切丁

2个红洋葱, 切丝

4瓣大蒜, 粗略切一下

500毫升水

300克糖

250毫升 白葡萄酒

1茶勺芥末籽

1茶勺香薄荷

1茶勺盐

1茶勺 整粒黑胡椒

蔬菜放在消过毒的罐子中。

其他原料水煮, 不断搅拌。

将煮沸的腌料汁倒入罐里, 灌满。密封。

在沸水中加热。将腌菜放置1个礼拜后即可食用。最长可以储存6个月。

✳ 也可以将此方法用于其他蔬菜或剥皮的水煮蛋。

402

腌制香菇 preserve mushrooms

×6

500毫升水

6餐勺白葡萄酒醋

2片月桂叶

100克糖

1茶勺盐

1茶勺胡椒粉

4餐勺油

1 000克 蘑菇, 切成薄片

倒入全部配料, 在锅中煮沸。

油煎蘑菇。

将蘑菇分层放入消毒罐中。注满沸腾的腌泡汁并加以密封。

在开水中加热。最长可以储存6个月。

✳ 保存在冰箱中。打开后两天内吃完。

403 腌制番茄 preserve tomatoes

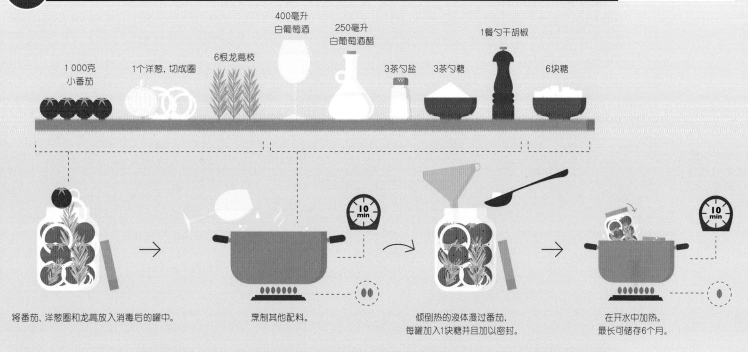

1 000克
小番茄

1个洋葱, 切成圈

6根龙蒿枝

400毫升
白葡萄酒

250毫升
白葡萄酒醋

3茶勺盐

3茶勺糖

1餐勺干胡椒

6块糖

将番茄、洋葱圈和龙蒿放入消毒后的罐中。

10 min

烹制其他配料。

倾倒热的液体漫过番茄,
每罐加入1块糖并且加以密封。

10 min

在开水中加热。
最长可储存6个月。

404 制作烧烤酱 make barbecue sauce

× 6

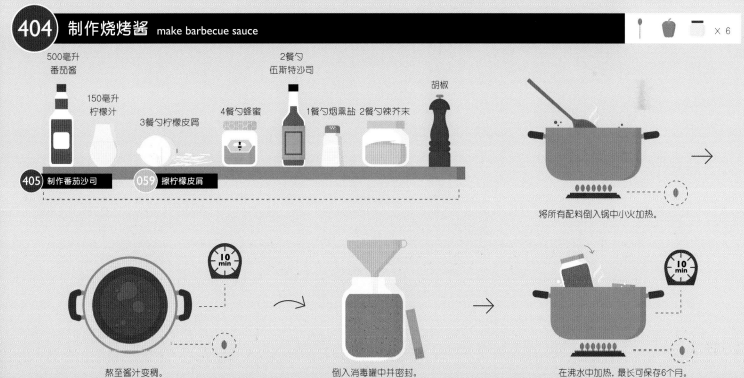

500毫升
番茄酱

150毫升
柠檬汁

3餐勺柠檬皮屑

4餐勺蜂蜜

2餐勺
伍斯特沙司

1餐勺烟熏盐 2餐勺辣芥末

胡椒

405 制作番茄沙司   059 擦柠檬皮屑

将所有配料倒入锅中小火加热。

10 min

熬至酱汁变稠。

倒入消毒罐中并密封。

10 min

在沸水中加热, 最长可保存6个月。

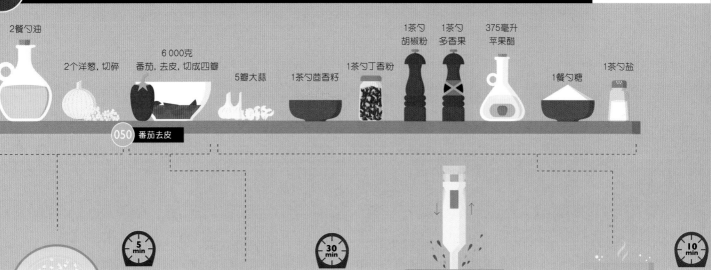

2餐勺油

2个洋葱, 切碎

6 000克
番茄, 去皮, 切成四瓣

5瓣大蒜

1茶勺茴香籽

1茶勺丁香粉

1茶勺
胡椒粉

1茶勺
多香果

375毫升
苹果醋

1餐勺糖

1茶勺盐

050 番茄去皮

5 min → **30 min** → → **10 min**

加热油, 嫩煎洋葱。　　加入番茄小火炖, 间或搅拌。　　将洋葱和番茄混合。　　加入醋、糖、盐与香料小火炖。

→ **50 min** → **10 min**

滤干香料, 保留液体。　　将液体加入番茄中烹制至减半。　　倒入消毒罐中并密封。　　沸水中加热, 最长可保存6个月。

× 6

150克
黄瓜, 切成条状

150克
青椒, 切成块

100克
胡萝卜, 切成片

2升水

150克
腌制洋葱

150克菜花

100克青豆

2餐勺胡椒

1升
白葡萄酒醋

750毫升水

3片月桂叶

1餐勺芥末籽

100克糖

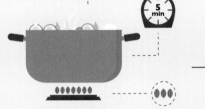

用冷水加热蔬菜至变软。

放入冰水中冷却。

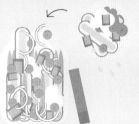

用撇渣器将消毒后的罐子用蔬菜注满。

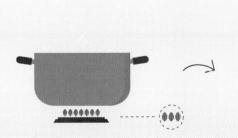

熬制配料, 加入醋, 水和糖。

用沸腾的液体填满罐子并密封。

沸水加热, 最长可保存6个月。

× 6

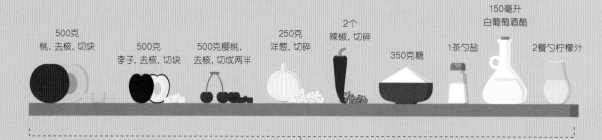

500克
桃, 去核, 切块

500克
李子, 去核, 切块

500克樱桃,
去核, 切成两半

250克
洋葱, 切碎

2个
辣椒, 切碎

350克糖

1茶勺盐

150毫升
白葡萄酒醋

2餐勺柠檬汁

---

408 制作印度杏子酸辣酱
make apricot chutney

1 500克
杏, 去核, 切块

1支肉桂棒

用杏代替桃、李、樱桃, 加入其他配料
及肉桂。

烹制所有材料, 不断搅拌, 直到混合物
开始变得黏稠。

装入消毒后的罐子, 密封紧密。

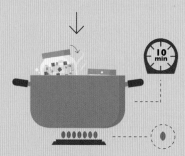

沸水加热, 最长可保存6个月。

---

409 制作印度桃子酸辣酱
make peach chutney

✳ 加入奶酪味道会非常鲜美。

150毫升
黑醋

1 500克
桃, 去核, 切块

3餐勺蜂蜜

仅用桃, 加入其他配料及蜂蜜。
用黑醋代替白酒。

---

410 制作印度李子酸辣酱
make plum chutney

3餐勺姜粉

1 500克
李子, 去核, 切块

仅用李子, 加入姜粉和其他配料。

---

411 制作印度杧果酸辣酱
make mango chutney

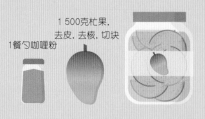

1 500克杧果,
去皮, 去核, 切块

1餐勺咖喱粉

用杧果代替桃、李、樱桃, 加入其他配料及
咖喱粉。

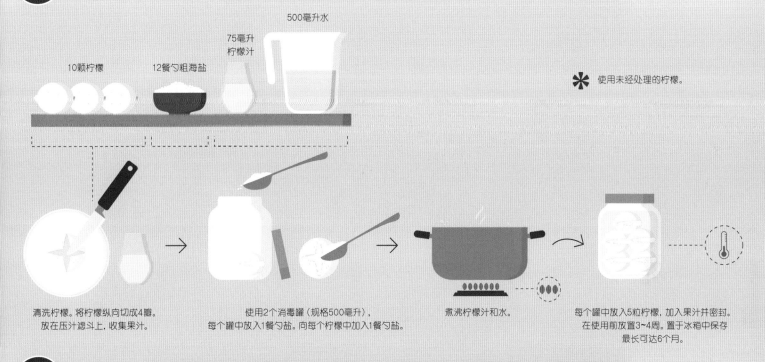

10颗柠檬　12餐勺粗海盐　75毫升柠檬汁　500毫升水

❋ 使用未经处理的柠檬。

清洗柠檬。将柠檬纵向切成4瓣。
放在压汁滤斗上，收集果汁。

使用2个消毒罐（规格500毫升），
每个罐中放入1餐勺盐。向每个柠檬中加入1餐勺盐。

煮沸柠檬汁和水。

每个罐中放入5粒柠檬，加入果汁并密封。
在使用前放置3~4周。置于冰箱中保存
最长可达6个月。

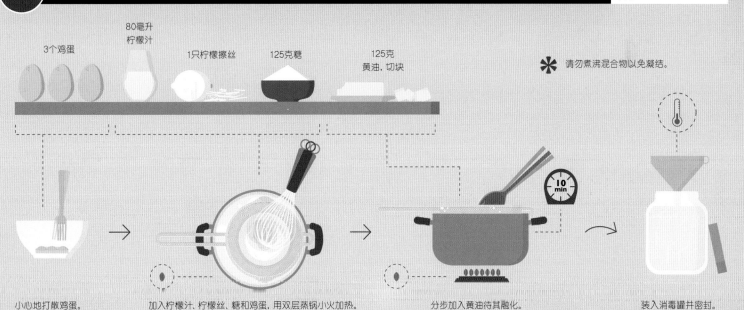

3个鸡蛋　80毫升柠檬汁　1只柠檬擦丝　125克糖　125克黄油，切块

❋ 请勿煮沸混合物以免凝结。

小心地打散鸡蛋。

加入柠檬汁、柠檬丝、糖和鸡蛋，用双层蒸锅小火加热。

分步加入黄油待其融化。
搅拌10分钟至滑软细腻。

装入消毒罐并密封。
在冰箱中最长可储存2周。

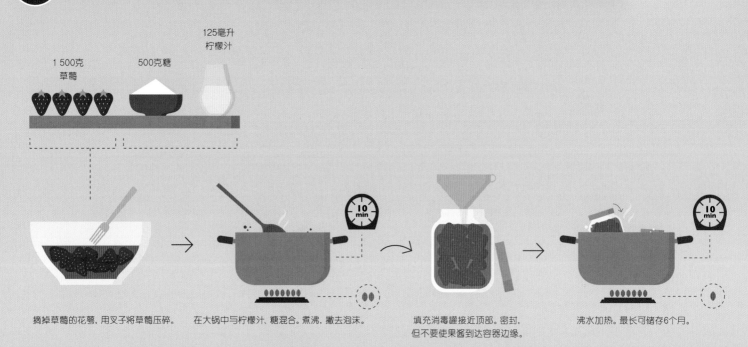

125毫升
柠檬汁

1 500克
草莓

500克糖

摘掉草莓的花萼。用叉子将草莓压碎。　在大锅中与柠檬汁、糖混合。煮沸，撇去泡沫。　填充消毒罐接近顶部。密封，但不要使果酱到达容器边缘。　沸水加热。最长可储存6个月。

415 制作杏酱
make apricot jam

1 500克
杏

使用杏代替草莓，
其他工作类似于制作草莓酱。

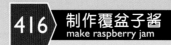

416 制作覆盆子酱
make raspberry jam

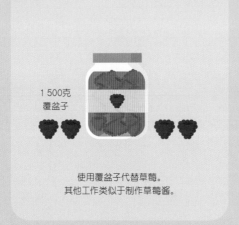

1 500克
覆盆子

使用覆盆子代替草莓。
其他工作类似于制作草莓酱。

---

417 制作混合浆果酱
make mixed berry jam

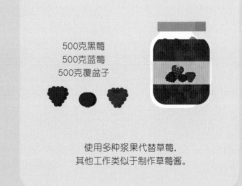

500克黑莓
500克蓝莓
500克覆盆子

使用多种浆果代替草莓，
其他工作类似于制作草莓酱。

418 制作黑莓啫喱
make blackberry jelly

× 4

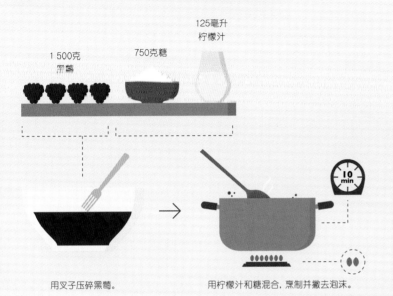

125毫升
柠檬汁

1 500克
黑莓

750克糖

10 min

用叉子压碎黑莓。

用柠檬汁和糖混合, 烹制并撇去泡沫。

用细孔筛过滤并保存于罐内。
填充消毒罐接近顶部。密封, 但勿使果冻接触容器边缘。

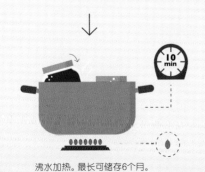

10 min

沸水加热。最长可储存6个月。

419 制作红醋栗啫喱
make red currant jelly

1 500克红醋栗

用红醋栗代替黑莓,
其他工作类似于制作黑莓果酱。

420 制作葡萄啫喱 make grape jelly

1 500克
葡萄

用葡萄代替黑莓,
其他工作类似于制作黑莓果酱。

421 制作柠檬啫喱 make lemon jelly

1 000克
柠檬,切成薄片

500克糖

500毫升
柠檬汁

用柠檬代替黑莓,
其他工作类似于制作黑莓果酱。

227

422 烹制橙子酱 cook orange marmalade

× 6

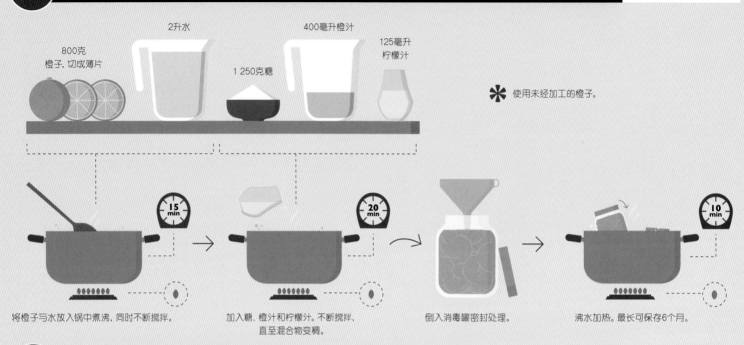

800克
橙子, 切成薄片

2升水

1 250克糖

400毫升橙汁

125毫升
柠檬汁

✳ 使用未经加工的橙子。

15 min

20 min

10 min

将橙子与水放入锅中煮沸, 同时不断搅拌。

加入糖、橙汁和柠檬汁。不断搅拌,
直至混合物变稠。

倒入消毒罐密封处理。

沸水加热。最长可保存6个月。

423 保存苹果泥 preserve apple purée

× 6

1 500克
苹果, 去核、去皮、切成小块

1升苹果汁

3支肉桂

3餐勺香草糖

2餐勺柠檬汁

✳ 为确保苹果泥细腻, 在倒入罐子时
需通过筛子过滤。

10 min

10 min

在锅中烹调苹果及其他配料直至变软。

取出肉桂, 混合。

倒入消毒罐中并密封处理。

沸水中加热。最长可保存6个月。

 × 4

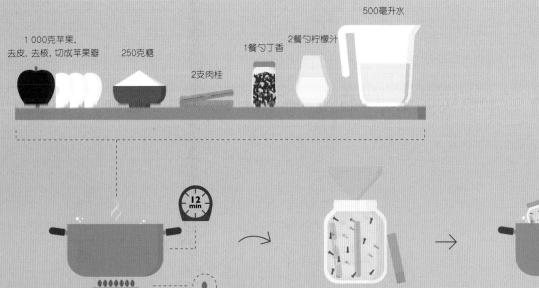

1 000克苹果,
去皮、去核,切成苹果瓣

250克糖

2支肉桂

1餐勺丁香

2餐勺柠檬汁

500毫升水

✳ 在上菜前请去除肉桂及丁香。

烹调所有配料直至苹果变软。

倒入消毒罐中密封。

沸水加热,最长可保存6个月。

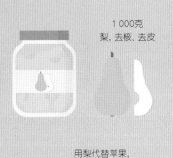

1 000克
梨, 去核、去皮

用梨代替苹果.
其他工作与制作糖渍苹果类似。

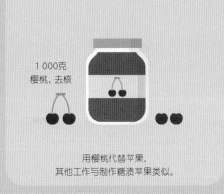

1 000克
樱桃, 去核

用樱桃代替苹果.
其他工作与制作糖渍苹果类似。

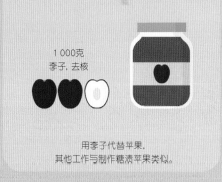

1 000克
李子, 去核

用李子代替苹果.
其他工作与制作糖渍苹果类似。

酒水

drink

香槟本身具备柠檬、榛果、青苹果、吐司的味道，并蕴含一丝花香。

香槟杯瘦高的杯形能够呈现香槟闪烁的气泡。

灰皮诺以少许活泼的矿物质、青瓜、苹果、柠檬和香草的暗香而闻名。

小白葡萄酒杯可以让我们享受到这份清脆的味道。

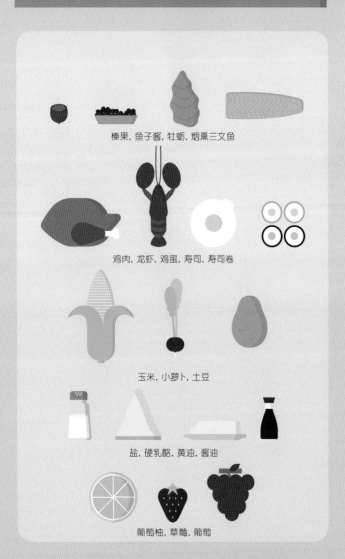

榛果, 鱼子酱, 牡蛎, 烟熏三文鱼

鸡肉, 龙虾, 鸡蛋, 寿司, 寿司卷

玉米, 小萝卜, 土豆

盐, 硬乳酪, 黄油, 酱油

葡萄柚, 草莓, 葡萄

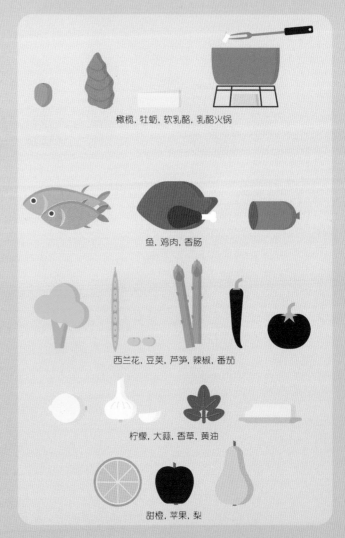

橄榄, 牡蛎, 软乳酪, 乳酪火锅

鱼, 鸡肉, 香肠

西兰花, 豆荚, 芦笋, 辣椒, 番茄

柠檬, 大蒜, 香草, 黄油

甜橙, 苹果, 梨

很多人都能品味到霞多丽丰富的黄油、梨子、榛果、甜橙和香子兰滋味。

小白葡萄酒杯能把霞多丽的味道凝聚在杯沿。

香草、香蕉、樱桃、薰衣草和草莓的芳香通常可以融在这款红酒多汁的鲜美中。

劲艮第杯能够展现黑皮诺充满活力的芳香。

杏仁, 核桃, 乳酪

鱼, 贝壳类, 鸡肉

玉米, 马铃薯, 蘑菇, 南瓜

番茄膏, 大蒜, 香草, 黄油

香蕉, 梨, 桃, 苹果

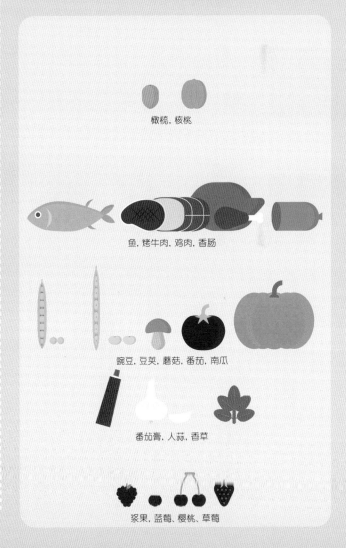

橄榄, 核桃

鱼, 烤牛肉, 鸡肉, 香肠

豌豆, 豆荚, 蘑菇, 番茄, 南瓜

番茄膏, 人蒜, 香草

浆果, 蓝莓, 樱桃, 草莓

柿子椒、混合浆果、茴香、肉桂和李子给梅乐增加了些许香辛气息。

赤霞珠由黑莓、柿子椒、雪茄、黑胡椒和丁香的味道点亮。

大郁金香杯善于呈现梅乐的大地芳香。

波尔多杯的锥形杯身可以将赤霞珠的酒香浓缩强化。

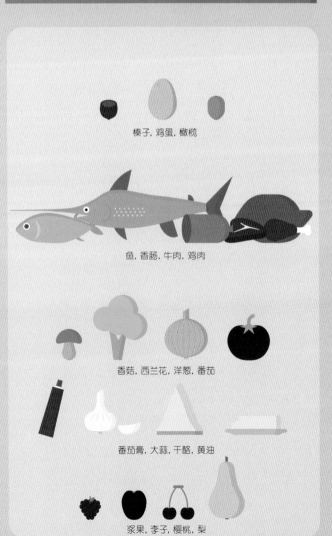

榛子, 鸡蛋, 橄榄

鱼, 香肠, 牛肉, 鸡肉

香菇, 西兰花, 洋葱, 番茄

番茄膏, 大蒜, 干酪, 黄油

浆果, 李子, 樱桃, 梨

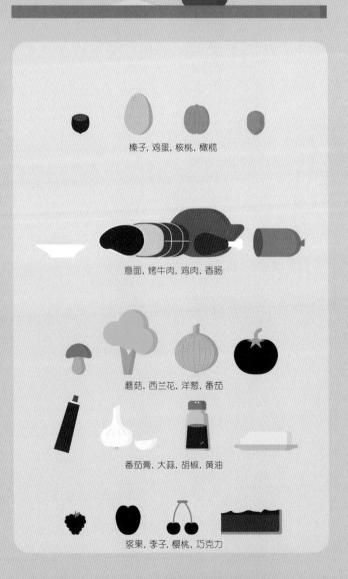

榛子, 鸡蛋, 核桃, 橄榄

意面, 烤牛肉, 鸡肉, 香肠

蘑菇, 西兰花, 洋葱, 番茄

番茄膏, 大蒜, 胡椒, 黄油

浆果, 李子, 樱桃, 巧克力

434 开红酒 open a bottle of wine

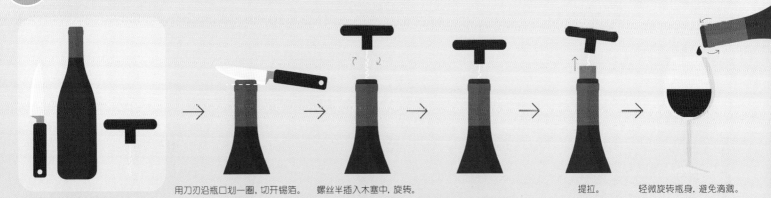

用刀刃沿瓶口划一圈, 切开锡箔。　螺丝半插入木塞中, 旋转。　　　　　　　　提拉。　　轻微旋转瓶身, 避免滴溅。

435 去除酒瓶中的橡木塞残渣 remove cork bits from wine

检查是否有橡木塞残渣。　　　在酒杯上放一张滤纸。　　将木塞顶住。倒酒。

436 如何品酒 evaluate wine

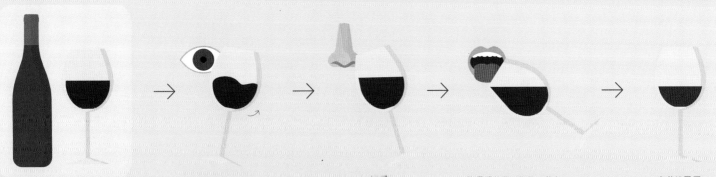

观察颜色和清澈度。　　　　　闻香。　　让酒液充满口腔的三分之一。　　充分地晃杯。

235

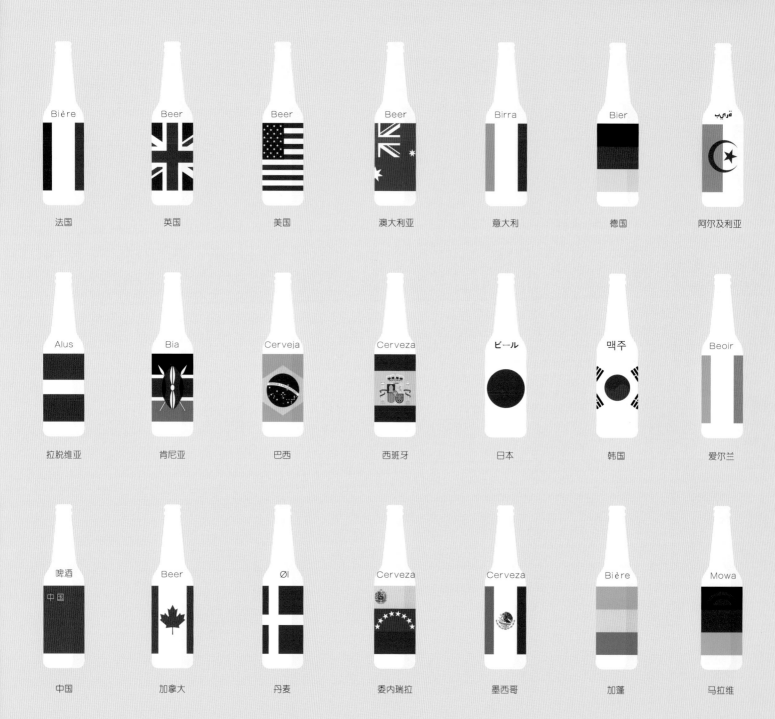

法国 Bière

英国 Beer

美国 Beer

澳大利亚 Beer

意大利 Birra

德国 Bier

阿尔及利亚 بيرة

拉脱维亚 Alus

肯尼亚 Bia

巴西 Cerveja

西班牙 Cerveza

日本 ビール

韩国 맥주

爱尔兰 Beoir

中国 啤酒

加拿大 Beer

丹麦 Øl

委内瑞拉 Cerveza

墨西哥 Cerveza

加蓬 Bière

马拉维 Mowa

将酒杯在糖或盐中转一下

1餐勺苦艾酒

90毫升金酒

青橄榄

冰块

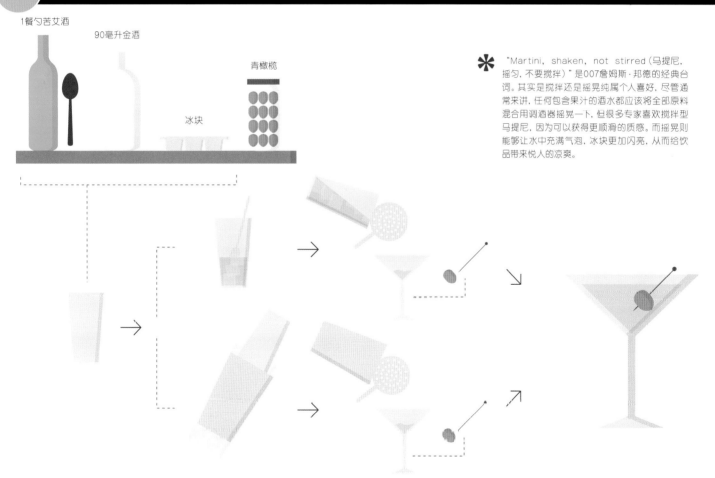

✳ "Martini, shaken, not stirred（马提尼，摇匀，不要搅拌）"是007詹姆斯·邦德的经典台词。其实是搅拌还是摇晃纯属个人喜好，尽管通常来讲，任何包含果汁的酒水都应该将全部原料混合用调酒器摇晃一下，但很多专家喜欢搅拌型马提尼，因为可以获得更顺滑的质感。而摇晃则能够让水中充满气泡，冰块更加闪亮，从而给饮品带来悦人的凉爽。

Cosmo 大都会
60毫升柠檬伏特加
1餐勺橙皮甜酒
1餐勺小红莓汁
1餐勺青柠汁
1瓣柠檬用于点缀

Opera 歌剧院
60毫升金酒
1餐勺杜波纳红酒
1餐勺黑樱桃酒
1颗黑樱桃用于点缀

Cajun 卡真
75毫升胡椒伏特加
1餐勺干苦艾酒
1颗墨西哥辣椒作为点缀

Vesper 薄暮
35毫升金酒
35毫升伏特加
1餐勺里尔白
1瓣柠檬作为点缀

Naked 裸体
90毫升金酒
1颗青橄榄作为点缀

Bloodhound 寻血猎犬
60毫升金酒
1餐勺干苦艾酒
1餐勺甜苦艾酒
2餐勺草莓果泥
1颗草莓作为点缀

Corpse reviver 死而复生
45毫升橙皮甜酒
30毫升干苦艾酒
2滴苦精
1瓣柠檬作为点缀

Orange blossom 橙花
75毫升金酒
30毫升橙汁
1½茶勺普通糖浆
1瓣橙子作为点缀

Gibson 吉普森
90毫升金酒
1餐勺干苦艾酒
1颗珍珠洋葱作为点缀

Cooperstown 古柏镇
3餐勺金酒
1餐勺甜苦艾酒
1餐勺干苦艾酒
1朵薄荷叶作为点缀

Tequilatini 龙舌兰马提尼
75毫升龙舌兰
1½茶勺甜苦艾酒
1颗黑樱桃作为点缀

Saketini 清酒马提尼
75毫升金酒
1½茶勺清酒
1颗青橄榄作为点缀

Bacontini 培根马提尼
90毫升伏特加
1滴苦艾酒
1条培根作为点缀

Bermuda rose 百慕大玫瑰
60毫升金酒
1餐勺杏味白兰地
1滴石榴汁糖浆
1块杏肉作为点缀

Chocolate 巧克力
60毫升伏特加
30毫升可可甜酒
1块巧克力作为点缀

Banana rum 香蕉朗姆
60毫升黑朗姆
1餐勺香蕉甜酒
1片香蕉作为点缀

441 享用一杯自由古巴
enjoy a cuba libre

摇晃　搅拌　混合

75毫升白朗姆　　30毫升青柠汁　　180毫升可乐　　1瓣青柠作为点缀

442 呈现一杯完美的椰林飘香
serve a perfect piña colada

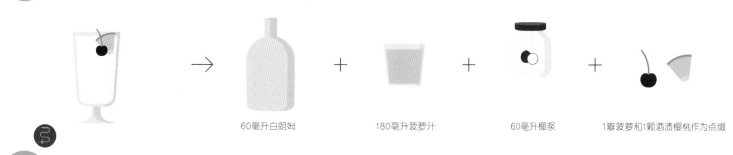

60毫升白朗姆　　180毫升菠萝汁　　60毫升椰浆　　1瓣菠萝和1颗酒渍樱桃作为点缀

443 调制草莓玛格丽塔
mix a strawberry margarita

60毫升银龙舌兰　　30毫升青柠汁　　8颗草莓　　用于做盐边的食盐

444 制作曼哈顿
serve a manhattan

60毫升威士忌　　30毫升甜苦艾酒　　2滴苦味酒　　1颗酒渍樱桃作为点缀

445 制作莫吉多
mix a mojito

6片薄荷叶, 捣烂 + 1餐勺普通糖浆 + 60毫升苏打水 + 60毫升白朗姆 + 2瓣青柠作为点缀, 1餐勺青柠汁

446 享用一杯卡普丽娜
enjoy a caipirinha

2瓣青柠, 捣烂 + 1餐勺普通糖浆 + 60毫升甘蔗酒

447 调制白俄罗斯
serve a white Russian

60毫升伏特加 + 30毫升咖啡利口酒 + 30克淡奶油

448 调制经典龙舌兰日出
mix a tequila sunrise

75毫升银龙舌兰 + 120毫升橙汁 + 1½茶勺石榴糖浆 + 1瓣菠萝作为点缀

449 调制汤姆·柯林斯
serve a Tom Collins

60毫升金酒 + 1餐勺柠檬汁 + 1餐勺普通糖浆 + 150毫升苏打水 + 1瓣柠檬, 1颗酒渍樱桃作为点缀

450 调制一杯科德角
serve a cape cod

冰块

75毫升伏特加 + 120毫升小红莓汁 + 1瓣青柠作为点缀

451 享用一杯跨斗儿
enjoy a sidecar

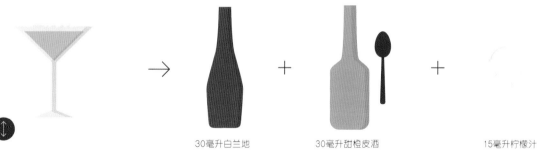

30毫升白兰地 + 30毫升甜橙皮酒 + 15毫升柠檬汁

452 调制尼克罗尼
mix a negroni

30毫升金酒 + 30毫升甜苦艾酒 | 30毫升金巴利 + 1瓣橙子, 1颗酒渍樱桃作为点缀

453 享用一杯长岛冰茶 enjoy a long island iced tea

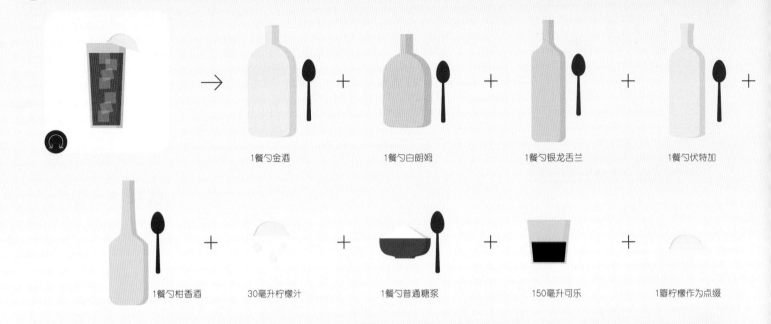

1餐勺金酒

1餐勺白朗姆

1餐勺银龙舌兰

1餐勺伏特加

1餐勺柑香酒

30毫升柠檬汁

1餐勺普通糖浆

150毫升可乐

1瓣柠檬作为点缀

454 调制蓝色火焰 mix a blue blazer

1茶勺
金砂糖

1茶勺
柠檬皮屑

120毫升
沸水

150毫升
单一麦芽威士忌

059 擦柠檬皮屑

重复这个动作

加入柠檬皮屑和糖。

在马克杯中倒入沸水。

迅速加入单一麦芽威士忌,
用长火柴点燃。

倒入另一个马克杯中。
再从更高处倒回来。

倒入酒杯中,熄灭后饮用!

242

蛋黄 + 1滴柠檬汁 + 1滴伍斯特郡烧烤酱 胡椒

传统配方

芥末籽 + 杜松果 + 腌鲱鱼

德国配方

蛋黄 + 1滴伍斯特郡烧烤酱

美国配方

一撮盐 + 2茶勺糖 + 水

生理配方

啤酒

荷兰配方

焗豆 + 培根 + 鸡蛋 + 香肠

英国配方

浓绿茶

中国配方

咖啡

意大利配方

1滴醋 + 水 + 蜂蜜

冰岛配方

酸瓜鸡尾酒

波兰配方

盐 + 浓咖啡

法国配方

水 + 黄金养胃泡腾片

医用配方

金酒 + 1滴柠檬汁 + 白兰地 + 干姜水

享乐配方

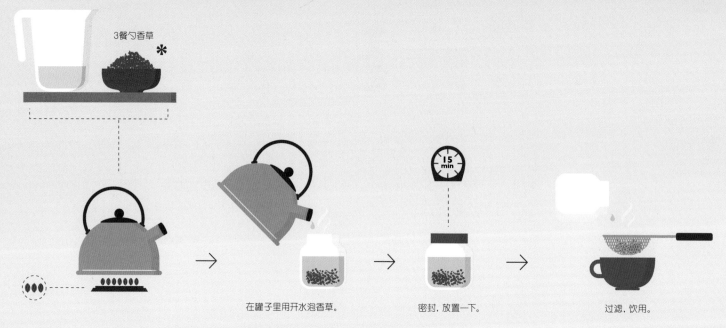

250毫升水

3餐勺香草 *

在罐子里用开水泡香草。

密封，放置一下。

过滤，饮用。

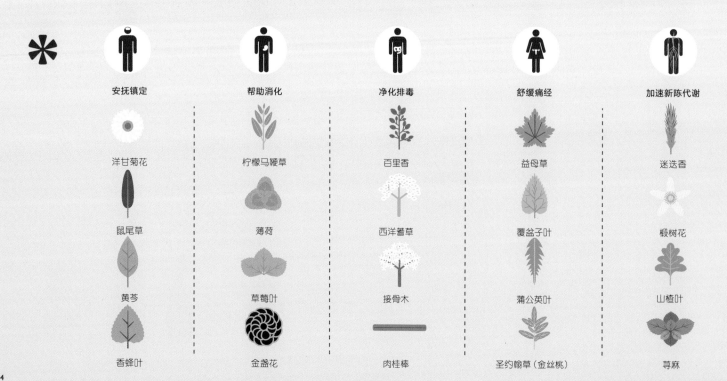

* 安抚镇定

帮助消化

净化排毒

舒缓痛经

加速新陈代谢

洋甘菊花

柠檬马鞭草

百里香

益母草

迷迭香

鼠尾草

薄荷

西洋蓍草

覆盆子叶

椴树花

黄芩

草莓叶

接骨木

蒲公英叶

山楂叶

香蜂叶

金盏花

肉桂棒

圣约翰草（金丝桃）

荨麻

457 煮一壶女王级的好茶 brew tea fit for a queen

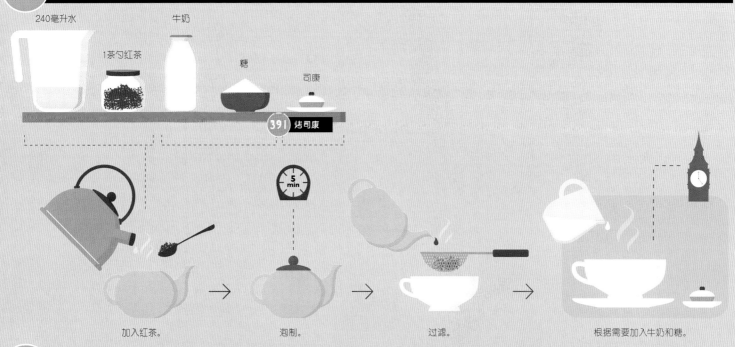

240毫升水　　　　　牛奶

1茶勺红茶

糖

司康

391 烤司康

加入红茶。　　　　泡制。　　　　过滤。　　　　根据需要加入牛奶和糖。

458 用沙莫瓦煮一壶俄罗斯茶 make Russian tea in a samovar

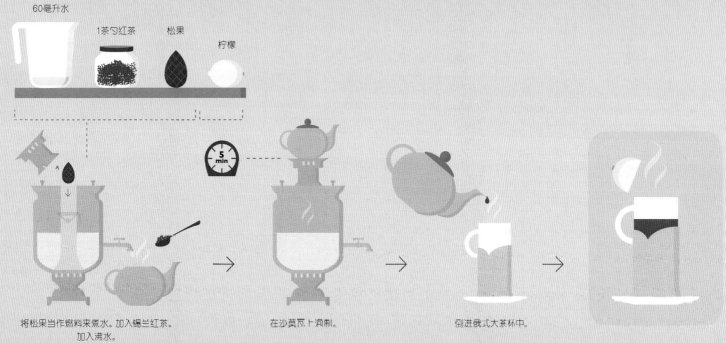

60毫升水

1茶勺红茶　　松果

柠檬

将松果当作燃料来煮水。加入锡兰红茶。　　在沙莫瓦上泡制。　　倒进俄式大茶杯中。
加入沸水。

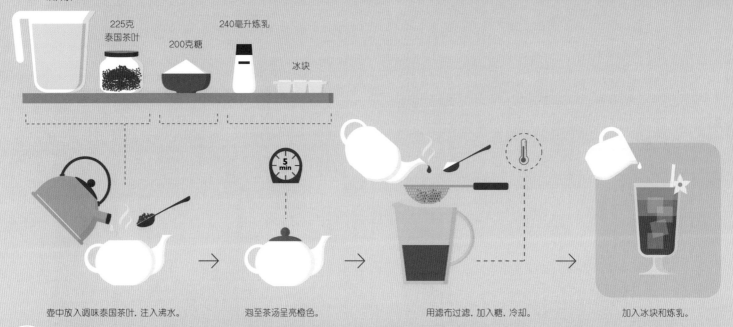

1½升水

225克
泰国茶叶

200克糖

240毫升炼乳

冰块

5 min

壶中放入调味泰国茶叶，注入沸水。 → 泡至茶汤呈亮橙色。 → 用滤布过滤，加入糖，冷却。 → 加入冰块和炼乳。

460 摇一杯希腊沙冰 shake up a Greek frappé

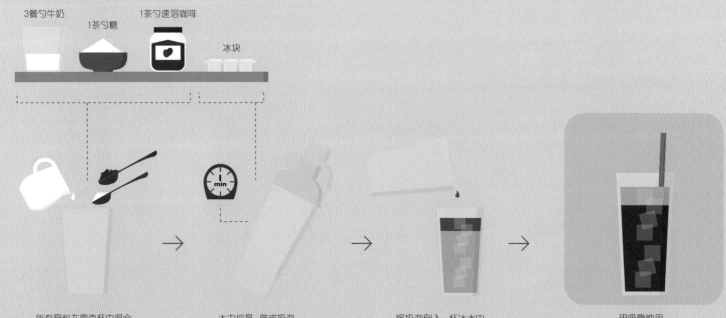

3餐勺牛奶

1茶勺糖

1茶勺速溶咖啡

冰块

1 min

所有原料在雪克杯中混合。 → 大力摇晃，做成奶泡。 → 将奶泡倒入一杯冰水中。 → 用吸管饮用。

461 制作一杯新奥尔良冰咖啡 make a New Orleans iced coffee

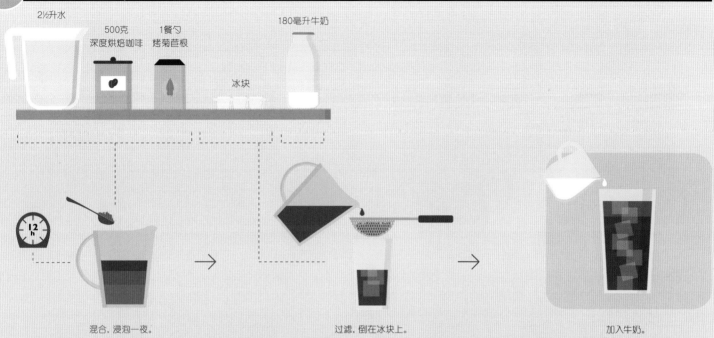

2½升水
500克 深度烘焙咖啡
1餐勺 烤菊苣根
180毫升牛奶
冰块

12 h

混合,浸泡一夜。

过滤,倒在冰块上。

加入牛奶。

462 打一杯土耳其咖啡 froth up a Turkish coffee

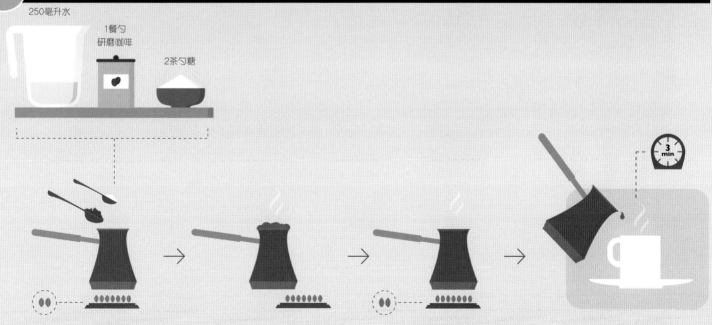

250毫升水
1餐勺 研磨咖啡
2茶勺糖

3 min

混合在铜质土耳其咖啡壶中,继续加热。

泡沫升起的时候撤火。

煮出泡沫,撤火。重复几次。

倒入杯中,放置后饮用。

463 制作一杯完美的意式浓咖啡 pull a perfect espresso

填满新鲜研磨的咖啡粉。 将表面抹平,去掉多余的咖啡粉。 压实。 放好咖啡杯。 煮咖啡。

464 制作拉花拿铁 pour a latte leaf

把蒸汽打入一杯牛奶。 转动杯身,如果有大气泡就磕一磕杯子。 倒出奶沫。晃动手腕。 完成图案。

465 享用一杯爱尔兰咖啡 enjoy an Irish coffee

1点点爱尔兰威士忌

倒至杯沿下方2.5厘米

浓重的黑咖啡

轻度打发的重奶油

用沸水先把玻璃马克杯烫一下。 加入威士忌和糖。 倒入黑咖啡,几乎接近杯沿。 小心地让奶油漂浮在表面。

466 混合一杯水果果昔
blend a fruit smoothie

467 混合 杯蔬菜果昔
mix a vegetable smoothie

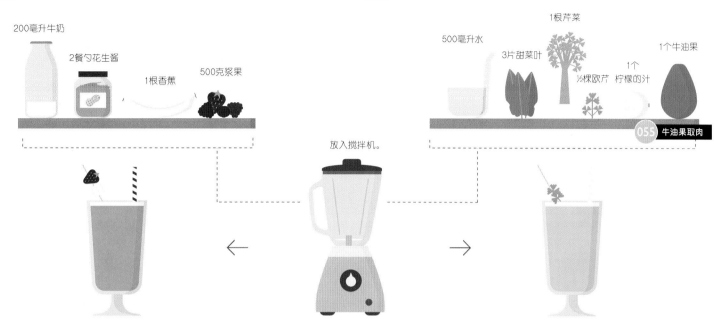

200毫升牛奶

2餐勺花生酱

1根香蕉

500克浆果

500毫升水

3片甜菜叶

1根芹菜

½棵欧芹

1个柠檬的汁

1个牛油果

055 牛油果取肉

放入搅拌机。

468 果味冰激凌漂浮苏打 make a fruity soda pop float

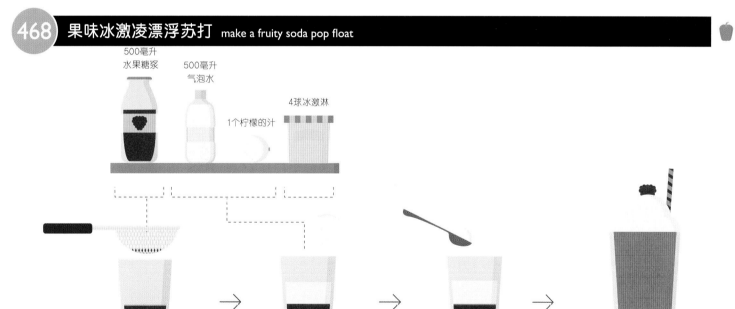

500毫升
水果糖浆

500毫升
气泡水

1个柠檬的汁

4球冰激淋

加入柠檬汁调味,倒入气泡水,搅拌。

加入奶油冰激凌。

点缀,食用。

索引

B

贝夏梅尔白汁
  焗菜花配奶酪贝夏梅尔酱 212
  制作贝夏梅尔白汁 197
  制作奶酪贝夏梅尔白汁 198
菠菜
  烤菠菜乳蛋饼 368
  日式照烧三文鱼 265
  制作菠菜鸡肉意面汤 160
  炖咖喱小扁豆 203
  烤填馅鸡胸 226
  制作松子菠菜沙拉 113
  制作奶油菠菜 208
  制作米粉味噌汤 174
  制作豆腐味噌汤 172
  制作菠菜馅料 308
  料理托斯卡纳面包蔬菜汤 170
布丁
  米布丁 223
  制作巧克力布丁 220
  准备云呢拿布丁 221
布置一张完美的餐桌 012

C

菜花
  焗菜花配奶酪贝夏梅尔酱 212
  烤箱烤菜花 245
餐具套装 009
炒饭
  鸡肉蔬菜炒饭 282
  蔬菜炒饭 281
  印尼炒饭 280
厨房里的节能操作 005

D

蛋白
  烤蛋白 395
  覆盆子烤蛋白 396
蛋饼

摊蛋饼 269
摊火腿蛋饼 270
摊奶酪蛋饼 271
摊香草蛋饼 272
蛋糕
  烤大理石蛋糕 376
  烤胡萝卜蛋糕 374
  烤李子蛋糕 378
  烤奶酪蛋糕 380
  烤无淀粉的巧克力蛋糕 382
  烤杏子蛋糕 377
  烤樱桃蛋糕 379
  完美平滑地给蛋糕抹上糖霜 132
  制作海绵蛋糕卷 375
  制作海绵蛋糕面糊 077
  准备蛋糕面糊 076
蛋黄酱
  制作蛋黄酱 080
  制作蛋黄酱鸡蛋 081
  制作蒜香蛋黄酱 083
雕一朵萝卜花 051
豆腐
  春季炒豆腐 312
  姜味煎豆腐 315
  泰式炒河粉 277
  素食炒河粉 278
  制作豆腐味噌汤 172
读懂椒类辣度的史高维尔指数（辣度指数）024

F

法式吐司
  煎法式吐司 275
  煎甜味法式吐司 276
番茄
  番茄去皮 050
  烤番茄 242
  烤番茄水牛奶酪比萨 358
  料理托斯卡纳面包蔬菜汤 170
  烹制熏鱼番茄汤 167
  普罗旺斯杂烩 266

腌制番茄 403
意式烤面包配番茄 238
意式烧烤头盘 340
制作番茄酱汁 146
制作番茄沙拉 110
制作番茄沙司 405
制作黎巴嫩塔布勒沙拉 120
制作青酱蔬菜汤 168
制作西班牙番茄冷汤 098
制作意大利番茄罗勒水牛奶酪冷盘 101
制作意面沙拉 119
做一朵番茄花 052
凤梨
  切凤梨 058

G

隔水炖锅的使用 035
果酱
  制作草莓果酱 414
  制作覆盆子酱 416
  制作混合浆果酱 417
  制作杏酱 415
果昔
  混合一杯蔬菜果昔 467
  果昔冰棒 137

H

海鲜
  剥虾去沙线 061
  炒鱿鱼 318
  韭葱番茄烤鳕鱼 234
  烤大虾串 339
  烤土豆配大虾 349
  撬牡蛎 062
  蒜香大虾 316
  意式炸什锦海鲜 320
  印尼炒饭 280
  用青柠制作秘鲁酸橘汁腌鱼 095
  炸大虾天妇罗 311
  制作牡丹虾黄瓜汤 099

制作泰式红咖喱虾 205
烤金枪鱼排 331
制作西班牙海鲜饭 279
汉堡包
  各种汉堡组合 335
  美味扒肉饼 334
河粉
  泰式炒河粉 277
  素食炒河粉 278
黑醋
  烤鸡翅 227
  普罗旺斯杂烩 266
  制作法式洋葱汤 169
  制作面包沙拉 115
  制作蒜香蛋黄酱 083
  准备黑醋调味汁 106
胡萝卜
  鸡肉蔬菜炒饭 282
  烤胡萝卜蛋糕 374
  烤蔬菜 243
  烹制胡萝卜"意面" 142
  蔬菜炒饭 281
  锡纸烤蔬菜 344
  炸蔬菜脆片 289
  炸蔬菜天妇罗 310
  制作菜丝沙拉 123
  制作姜味胡萝卜汤 165
  制作青酱蔬菜汤 168
黄瓜
  把酸黄瓜切成扇形片 041
  冰镇腌黄瓜 401
  制作甜菜黄瓜冷汤 097
  制作牡丹虾黄瓜汤 099
  制作青瓜酸乳酪酱 086
  制作英格兰泡菜 406
混合肉馅
  煎饺 300
  煎索尔斯伯里肉饼 292
  美味扒肉饼 334
  穆萨卡 354
  烹制猪肉卷心菜卷 262
  千层面 353

肉馅蔬菜盅 236
小蟹肉蛋糕 317
制作墨西哥辣肉酱 253
准备波伦亚酱汁 147
做德式肉丸 295
做美式肉丸 294
做肉丸 293
做肉饼 309
做瑞典肉丸 296
做土耳其肉丸 297
做西班牙肉丸 299
做意大利肉丸 298

火腿
各种汉堡组合 335
煎火腿蛋 274
烤火腿衣主教比萨 359
摊火腿蛋饼 270
制作火腿卷 118
制作奶酪火腿吐司 089

火鸡
烤火鸡 228

J

鸡蛋
炒蛋 273
煎蛋 268
煎法式吐司 275
煎火腿蛋 274
煎甜味法式吐司 276
烤蛋白 395
烤土豆配炒蛋 348
蔬菜炒饭 281
水波蛋 139
摊蛋饼 269
摊火腿蛋饼 270
摊奶酪蛋饼 271
摊香草蛋饼 272
意式烘蛋 241
制作本尼迪克蛋 140
制作菜丝沙拉 123
制作蛋黄酱鸡蛋 081

制作高汤水波蛋 156
制作鸡蛋沙拉 121
分离蛋液 068
制作柠檬冻 413
水煮蛋 138

鸡肉
制作菠菜鸡肉意面汤 160
橄榄油熏雏鸡 261
炖鸡肉高汤 159
中东小米饭配鸡肉串 202
烤填馅鸡胸 226
制作西班牙海鲜饭 279
米饭配鸡肉豌豆汤 179
鸡肉蔬菜炒饭 282
啤酒罐烤鸡 326
牛肝菌烧鸡腿肉 263
烤鸡翅 227
经典炸鸡 302
制作泰式绿咖喱鸡肉 204
制作米粉味噌汤 174
泰式炒河粉 277
烤羊肉串 327
塔吉锅炖鸡 247
法式红酒炖鸡 261
烤鸡 225
印尼炒饭 280
法式红酒炖鸡 261

鸡尾酒
呈现一杯完美的椰林飘香 442
调制白俄罗斯 447
调制草莓玛格丽塔 443
调制经典龙舌兰日出 448
调制蓝色火焰 454
调制尼克罗尼 452
调制汤姆·柯林斯 449
调制一杯科德角 450
享用一杯跨斗儿 451
享用一杯卡普丽娜 446
享用一杯长岛冰茶 453
享用一杯自由古巴 441
制作曼哈顿 444
制作莫吉多 445

姜
剁姜末 049
烤姜饼 393
烤姜饼曲奇 394

酱
煎比目鱼柳配柠檬水瓜柳酱 319
烹制贝尔肉酱 196
烹制辣茄酱汁 140
意面搭配酱汁 152
制作贝夏梅尔白汁 197
制作番茄酱汁 146
制作焦糖酱 219
制作奶酪贝夏梅尔白汁 198
制作柠檬酱汁 149
制作巧克力酱 217
制作烧烤酱 404
制作塔塔酱 084
准备波伦亚酱汁 147
准备荷兰酱 195
准备恺撒沙拉调味酱 108
准备奶酪酱汁 150
准备烧烤酱 088
准备水果酱 216
准备云呢拿酱 218

韭葱
烤韭葱乳蛋饼 369
锡纸烤蔬菜 344
香葱欧芹烤韭葱 341
制作韭葱土豆泥 192
制作青酱蔬菜汤 168

酒
赤霞珠和配菜 433
黑皮诺和配菜 431
灰皮诺和配菜 429
开红酒 434
梅乐和配菜 432
去除酒瓶中的橡木塞残渣 435
如何品酒 436
霞多丽和配菜 430
雷司令和配菜 428

K

咖啡
打一杯土耳其咖啡 462
咖啡速成 029
调制泰式冰茶 459
享用一杯爱尔兰咖啡 465
掘一杯希腊沙冰 460
饮料中的咖啡因含量 030
制作拉花拿铁 464
制作提拉米苏 129
制作一杯完美的意式浓咖啡 463
制作一杯新奥尔良冰咖啡 461

咖喱
炖咖喱小扁豆 203
烹制印度鹰嘴豆咖喱 206
制作泰式红咖喱虾 205
制作泰式绿咖喱鸡肉 204

卡路里
了解卡路里的摄入量 016
选择一项活动燃烧掉卡路里 017

可丽饼
卷法式荞麦饼、松饼和可丽饼的技巧 304
摊可丽饼 324
摊巧克力可丽饼 325

L

辣椒
辣椒切末 045
烹制辣椒红色小扁豆汤 166
制作墨西哥辣肉酱 253
了解你所需要的维生素 019

梨
烤梨子奶酥派 399
制作糖渍梨 425

李子
烤李子蛋糕 378
制作糖渍李子 427
制作印度李子酸辣酱 410

芦笋
春菜炒豆腐 312

烤蔬菜挞 370
炸蔬菜天妇罗 310
制作芦笋意式烩饭 185
煮芦笋 207

罗勒
烤番茄水牛奶酪比萨 358
意式烤面包配番茄 238
制作番茄夏南瓜沙拉 114
制作番茄酱汁 146
制作意大利番茄罗勒水牛奶酪冷盘 101
制作意大利青酱 087
准备黑醋调味汁 106

M

马提尼
制作一杯经典马提尼 439
制作一些花式马提尼 440

麦芬
烤夏南瓜麦芬 388
烤蓝莓麦芬 385
烤麦芬 384
烤巧克力豆麦芬 387
烤巧克力麦芬 386

杧果
杧果切丁 056
制作印度杧果酸辣酱 411

米饭
鸡肉蔬菜炒饭 282
米布丁 223
米饭配鸡肉豌豆汤 179
米饭蔬菜盅 237
烹制藏红花肉饭 178
蔬菜炒饭 281
印尼炒饭 280
制作红酒意式烩饭 184
制作芦笋意式烩饭 185
制作米兰烩饭 182
制作寿司卷 092
制作寿司米饭 180
制作寿司手卷 093
制作西班牙海鲜饭 279

制作香槟意式烩饭 183
制作意式烩饭 181
煮米饭 177

蜜饯
制作糖渍梨 425
制作糖渍李子 427
制作糖渍苹果 424
制作糖渍樱桃 426

面包
辫子面包的造型 072
煎法式吐司 275
煎甜味法式吐司 276
烤佛卡夏 363
烤面包 364
料理托斯卡纳面包蔬菜汤 170
意式烤面包配番茄 238
制作面包面团 069
制作面包沙拉 115
制作奶酪火腿吐司 089
制作奶酪三明治 091
制作萨拉米三明治 090

蘑菇
炒什蔬 313
春菜炒豆腐 312
各和汉堡组合 335
鸡肉蔬菜鸡饭 282
牛肝菌烤鸡腿肉 263
蔬菜炒饭 281
腌制香菇 402
炸蔬菜天妇罗 310
制作华尔道夫沙拉 125
制作恺撒沙拉 124
制作蘑菇沙拉 112

N

哪些鱼类可以吃 027

奶酪
烤奶酪蛋糕 380
摊奶酪蛋饼 271
锡纸烤奶酪 337
制作奶酪贝夏梅尔白汁 198

制作奶酪火腿吐司 089
制作奶酪三明治 091
准备奶酪酱汁 150

南瓜
烤箱烤南瓜 244
准备奶油南瓜汤 162

柠檬
擦柠檬皮屑 059
红烧羊排配柑橘 256
煎比目鱼柳配柠檬水瓜柳酱 319
烤柠檬挞 381
制作格莫拉塔 082
制作柠檬冻 413
制作柠檬酱汁 149
制作柠檬油醋汁 104
制作柠檬啫喱 421
制作盐渍柠檬 412

柠檬草的料理方法 060

牛肉
熬牛肉高汤 153
劲艮第炖牛肉 251
不同国家牛肉切割方法及各部位名称 025
各和汉堡组合 335
红烧牛肉 250
煎牛臀肉 291
烤牛肉 229
烤铁板牛扒 330
烤招牌牛腰肉 230
烤羊肉串 327
烹制法式杂烩 175
烹制意式杂烩 176
芜菁炖牛肉 252
制作牛肉意面汤 155

牛油果
混合一杯蔬菜果昔 467
牛油果取肉 055
制作牛油果酱 085

P

帕玛森奶酪
焗蔬菜意面 371

烤茄子配帕玛森奶酪 355
穆萨卡 354
烹制帕玛森奶酪汤 161
烹制玉米糊 143
制作恺撒沙拉 124
制作柠檬酱汁 149
制作意大利青酱 087
准备白汁意面 151
做意大利肉丸 298

派
编乡村格子派 078
烤梨子奶酥派 399
烤牧羊人派 373
烤苹果奶酥派 398

泡芙
制作泡芙酥皮 073
制作巧克力泡芙 392

培根
烤洛林乳蛋饼 367
烤填馅鸡胸 226
烤羊肉串 327
意式煎小牛肉卷 303
制作本尼迪克蛋 140
制作培根、面包丁、苦苣沙拉 109
制作一些花式马提尼 440
准备白汁意面 151

比萨
烤白汁比萨 361
烤番茄水牛奶酪比萨 358
烤红衣主教比萨 359
烤拿波里比萨 357
烤比萨 356
烤四和乳酪比萨 362
烤洋葱橄榄比萨 360
准备比萨面团 070

啤酒
啤酒罐烤鸡 326
啤酒大世界 437

苹果
保存苹果泥 423
烤苹果奶酥派 398
炸苹果圈 321

制作华尔道夫沙拉 125
制作糖渍苹果 424

起酥面团
制作甜味起酥面团 074
制作咸味起酥面团 075

巧克力
烤布朗尼 383
烤巧克力豆麦芬 387
烤巧克力麦芬 386
烤巧克力纸杯蛋糕 390
烤无淀粉的巧克力蛋糕 382
摊巧克力可丽饼 325
甜甜圈 322
制作巧克力薄荷叶 133
制作巧克力布丁 220
制作巧克力酱 217
制作巧克力蕾丝花边 134
制作巧克力泡芙 392
准备巧克力黄油酱 127
准备巧克力慕斯 128
准备巧克力糖霜 131

Q
荞麦饼
摊荞麦饼 305
卷法式荞麦饼、松饼和可丽饼的技巧 304
摊香草荞麦饼 307
茄子
烤茄子配帕玛森奶酪 355
穆萨卡 354
普罗旺斯杂烩 266
意式烧烤头盘 340
去除酒瓶中的橡木塞残渣 435
全世界都在吃什么 018

R
如何让孩子吃蔬菜 034
如何用不同的语言敬酒 037
乳蛋饼
烤菠菜乳蛋饼 368

烤韭葱乳蛋饼 369
烤洛林乳蛋饼 367

S
三文鱼
日式照烧三文鱼 265
水煮三文鱼 213
雪松木板烤三文鱼 336
用酱油和焦化奶油烹制三文鱼 096
制作三文鱼土豆饼 284
制作寿司手卷 093

沙拉
用石榴配比利时菊苣沙拉 116
制作菜丝沙拉 123
制作番茄夏南瓜沙拉 114
制作番茄沙拉 110
制作鸡蛋沙拉 121
制作恺撒沙拉 124
制作面包沙拉 115
制作蘑菇沙拉 112
制作培根、面包丁、苦苣沙拉 109
制作青菜沙拉 111
制作蔬菜鸡蛋沙拉 122
制作蔬菜沙拉 117
制作松子菠菜沙拉 113
制作意面沙拉 119
准备水果沙拉 136

石榴
拆石榴 054
用石榴配比利时菊苣沙拉 116

食材保鲜 015
食材搭配 021
食物的颜色 020
使用筷子的方法 031
使用正确的玻璃杯 011

柿子椒
冰镇腌黄瓜 401
烤蔬菜挞 370
普罗旺斯杂烩 266
柿子椒去皮 046
意式烧烤头盘 340

炸蔬菜天妇罗 310
制作西班牙番茄冷汤 098

寿司
制作寿司卷 092
制作寿司米饭 180
制作寿司手卷 093

蔬菜
热蔬菜高汤 157
混合一杯蔬菜果昔 467
嫩炒四季豆 209
烤蔬菜 243
烤蔬菜挞 370
烤蔬菜盅 235
米饭蔬菜盅 237
肉馅蔬菜盅 236
如何让孩子吃蔬菜 034
什锦蔬菜杂烩 267
蔬菜切片 044
锡纸烤蔬菜 344
炸蔬菜脆片 289
炸蔬菜天妇罗 310
制作青酱蔬菜汤 168
制作蔬菜沙拉 117

薯条
炸薯条 205
炸甜薯条 287
制作甜薯条 239

水果
保存苹果泥 423
擦柠檬皮屑 059
拆石榴 054
拆椰子 057
覆盆子蛋白 396
混合一杯水果果昔 466
烤混合水果派 400
烤蓝莓麦芬 385
烤梨子奶酥派 399
烤李子蛋糕 378
烤柠檬挞 381
烤苹果奶酥派 398
烤水果串 345
烤杏子蛋糕 377

烤樱桃蛋糕 379
杧果切丁 056
烹制橙子酱 422
切凤梨 058
果昔冰棒 137
炸苹果圈 321
制作草莓果酱 414
制作覆盆子冻 416
制作黑莓啫喱 418
制作红醋栗啫喱 419
制作混合浆果酱 417
制作柠檬冻 413
制作柠檬啫喱 421
制作葡萄啫喱 420
制作糖渍梨 425
制作糖渍李子 427
制作糖渍苹果 424
制作糖渍樱桃 426
制作杏酱 415
制作盐渍柠檬 412
制作印度口味水果酸辣酱 407
制作印度李子酸辣酱 410
制作印度杧果酸辣酱 411
制作印度桃子酸辣酱 409
制作印度杏子酸辣酱 408
准备水果酱 216
准备水果沙拉 136

水牛奶酪
烤番茄水牛奶酪比萨 358
烤四种乳酪比萨 362
制作意大利番茄罗勒水牛奶酪冷盘 101

松饼
卷法式荞麦饼、松饼和可丽饼的技巧 304
烤奶酪松饼卷 372
摊咸味松饼 306

蒜
蒜香大虾 316
意式烤面包配番茄 238
用热油去蒜皮 040
制作格莫拉塔 082
制作蒜香蛋黄酱 083
制作蒜香西兰花 211

T

塔吉锅烹饪
塔吉锅炖鸡 247
塔吉锅炖小牛肉 249
塔吉锅炖羊肉 248

汤
熬牛肉高汤 153
熬蔬菜高汤 157
熬小牛肉高汤 154
炖鸡肉高汤 159
料理托斯卡纳面包蔬菜汤 170
烹制辣椒红色小扁豆汤 166
烹制帕玛森奶酪汤 161
烹制熏鱼番茄汤 167
制作甜菜黄瓜冷汤 097
制作比目鱼味噌汤 173
制作菠菜鸡肉意面汤 160
制作豆腐味噌汤 172
制作法式洋葱汤 169
制作高汤水波蛋 156
制作姜味胡萝卜汤 165
制作韭葱土豆汤 163
制作米粉味噌汤 174
制作牡丹虾黄瓜汤 099
制作奶油西兰花汤 164
制作牛肉意面汤 155
制作青酱蔬菜汤 168
制作味噌汤 171
制作西班牙番茄冷汤 098
准备奶油南瓜汤 162
做鱼汤 158

甜品
保存苹果泥 423
编乡村格子派 078
辫子面包的造型 072
覆盆子烤蛋白 396
果味冰激凌漂浮苏打 468
红色水果冻 224
煎甜味法式吐司 276
卷法式荞麦饼、松饼和可丽饼的技巧 304
烤布朗尼 383

烤大理石蛋糕 376
烤蛋白 395
烤夏南瓜麦芬 388
烤胡萝卜蛋糕 374
烤混合水果派 400
烤姜饼 393
烤姜饼曲奇 394
烤蓝莓麦芬 385
烤梨子奶酥派 399
烤李子蛋糕 378
烤麦芬 384
烤奶酪蛋糕 380
烤柠檬挞 381
烤苹果奶酥派 398
烤巧克力豆麦芬 387
烤巧克力麦芬 386
烤巧克力纸杯蛋糕 390
烤肉桂卷 397
烤水果串 345
烤司康 391
烤无淀粉的巧克力蛋糕 382
烤杏子蛋糕 377
烤樱桃蛋糕 379
烤纸杯蛋糕 389
米布丁 223
果昔冰棒 137
准备水果沙拉 136
摊可丽饼 324
摊巧克力可丽饼 325
甜甜圈 322
甜甜圈配炼乳 323
完美平滑地给蛋糕抹上糖霜 132
用模具做糖印花 135
炸苹果圈 321
制作覆盆子酱 416
制作海绵蛋糕卷 375
制作海绵蛋糕面糊 077
制作焦糖酱 219
制作酵母面团 071
制作柠檬冻 413
制作泡芙酥皮 073
制作巧克力薄荷叶 133

制作巧克力布丁 220
制作巧克力酱 217
制作巧克力蕾丝花边 134
制作巧克力泡芙 392
制作糖渍梨 425
制作糖渍李子 427
制作糖渍苹果 424
制作糖渍樱桃 426
制作提拉米苏 129
制作甜味起酥面团 074
制作意式奶冻 222
准备云呢拿布丁 221
准备蛋糕面糊 076
准备黄油酱 126
准备巧克力黄油酱 127
准备巧克力慕斯 128
准备巧克力糖霜 131
准备水果串 216
准备云呢拿酱 218
挑选应季食材 014

调味汁
制作经典油醋汁 102
制作柠檬油醋汁 104
制作酸奶调味酱 105
制作香草调味汁 107
准备黑醋调味汁 106
准备恺撒沙拉调味酱 108
准备酪乳酱(牛奶酱) 103
铁锅除锈 032

土豆
法式薯丝 286
加橄榄的土豆泥 194
煎土豆片 283
烤蔬菜 243
锡纸烤土豆 346
烤土豆 343
烤土豆配炒蛋 348
烤土豆配大虾 349
烤土豆配蘸酱 347
烤土豆配芝士酱 350
奶酪焗土豆 351
奶酪焗土豆配韭葱 352

用块根芹烹制土豆泥 193
炸薯条 285
炸土豆片 288
制作蛋黄酱土豆沙拉 190
制作韭葱土豆泥 192
制作韭葱土豆汤 163
制作三文鱼土豆饼 284
制作土豆泥 191
制作土豆沙拉 189
煮土豆 186
煮咸味黄油土豆 187
煮咸味土豆 188

W

为婴幼儿选择餐具 010
味噌汤
制作比目鱼味噌汤 173
制作豆腐味噌汤 172
制作米粉味噌汤 174
制作味噌汤 171

X

西兰花
制作奶油西兰花汤 164
制作蒜香西兰花 211
虾
剥虾去沙线 061
烤大虾串 339
炸大虾天妇罗 311
制作泰式红咖喱虾 205
夏南瓜
炒什蔬 313
春菜炒豆腐 312
各种汉堡组合 335
烤夏南瓜麦芬 388
烤蔬菜挞 370
料理托斯卡纳面包蔬菜汤 170
烹制夏南瓜"意面" 141
普罗旺斯杂烩 266
锡纸烤蔬菜 344

意式烧烤头盘 340
制作番茄夏南瓜沙拉 114
制作青酱蔬菜汤 168
香草
冻存香草 064
剁碎香草 013
捌香草蛋饼 272
摊香草荞麦饼 307
香草入馔 023
制作调味黄油 079
制作香草调味汁 107
制作一束混合香料 048
煮一壶养生茶 456
香肠
法式卡酥莱什锦砂锅 258
烤香肠 329
制作红酒意式烩饭 184
制作萨拉米三明治 090
做热狗 215
香葱
烤土豆 343
切香葱 047
香葱欧芹烤韭葱 341
用石榴配比利时菊苣沙拉 116
制作鸡蛋沙拉 121
制作蔬菜沙拉 117
制作调味黄油 079
香辛料的运用 022
向全世界说"吃好喝好！" 038
小扁豆
炖咖喱小扁豆 203
烹制辣椒红色小扁豆汤 166
小牛肉
熬小牛肉高汤 154
红烧小牛肉 257
塔吉锅炖小牛肉 249
维也纳煎肉排 301
锡纸包小牛肉 232
意大利炖牛膝 259
意式煎小牛肉卷 303
制作意大利牛肉薄切配凤尾鱼汁 100

杏
烤杏子蛋糕 377
制作杏酱 415
制作印度杏子酸辣酱 408
选择厨房小帮手 006
选择厨具 007
选择刀具 008
选择基本的电动工具和设备 004
选择基本的烘焙设备 003
选择基本的烹饪设备 002

Y

羊肉
各种汉堡组合 335
红烧羊肩 254
红烧羊肩配地中海蔬菜 255
红烧羊排配柑橘 256
烤牧羊人派 373
烤腌渍羊排 333
烤羊排 231
烤羊肉串 327
啤酒炖羊肉 260
塔吉锅炖羊肉 248
中东小米饭配羊肉 201
洋葱
烤洋葱橄榄比萨 360
切洋葱 039
制作法式洋葱汤 169
制作酸甜洋葱 246
洋蓟
修整洋蓟 053
炸洋蓟 314
意面
包意式饺子 067
焗蔬菜意面 371
烹制辣番茄酱汁 148
千层面 353
切制意大利宽面 066
挑选意面 028
意面搭配酱汁 152
制作番茄酱汁 146

制作柠檬酱汁 149
制作意面面团 065
煮意面 145
准备户汁意面 151
准备波伦亚酱汁 147
准备奶酪酱汁 150
意式烩饭
制作红酒总式烩饭 184
制作芦笋意式烩饭 185
制作米兰烩饭 182
制作香槟意式烩饭 183
制作意式烩饭 181
饮料中的咖啡因含量 030
印度酸辣酱
制作印度李子酸辣酱 410
制作印度杜果酸辣酱 411
制作印度桃子酸辣酱 409
制作印度口味水果酸辣糕 407
制作印度杏子酸辣酱 408
樱桃
烤樱桃蛋糕 379
制作糖渍樱桃 426
用烤箱烹制抱子甘蓝 240
鱼
煎比目鱼柳配柠檬水瓜柳酱 319
韭葱番茄烤鳕鱼 234
烤金枪鱼排 331
哪些鱼类可以吃 027
烹制熏鱼番茄汤 167
水煮三文鱼 213
锡纸烤鳟鱼 338
意式炸什锦海鲜 320
用酱油和焦化奶油烹制三文鱼 096
用青柠制作秘鲁酸橘汁腌鱼 095
制作刺身玫瑰花 094
制作寿司卷 092
制作寿司手卷 093
做鱼汤 158
玉米
烤甜玉米面包 366
烤玉米 342
烤玉米面包 365

炸玉米片 290
玉米糊
烹制玉米糊 143
准备玉米糊切条 144
云呢拿
准备云呢拿布丁 221
准备云呢拿酱 218

Z

啫喱
制作黑莓啫喱 418
制作红醋栗啫喱 419
制作柠檬啫喱 421
制作葡萄啫喱 420
找一款解宿醉的配方 455
蒸锅的使用 036
纸杯蛋糕
烤巧克力纸杯蛋糕 390
烤纸杯蛋糕 389
中东小米饭
中东小米饭配鸡肉串 202
中东小米饭配蔬菜 200
中东小米饭配羊肉 201
煮中东小米饭 199
猪肉
不同国家猪肉切割方法及各部位名称 026
烤多汁肋排 328
烤猪排 233
迷迭香烤猪排 332
烹制猪肉卷心菜卷 262
制作鼠尾草白芸豆 210
制作一支不粘手的擀面杖 033
煮芝麻甜豆 214

图书在版编目（CIP）数据

我的时尚厨房 / （澳）斯科利克著；吕文静译. —
北京：中信出版社, 2016.3
书名原文: Eat!The quick-look cookbook
ISBN 978-7-5086-5857-5

Ⅰ.①我… Ⅱ.①斯… ②吕… Ⅲ.①烹饪—基本知
识 Ⅳ.①TS972.11

中国版本图书馆CIP数据核字(2016)第020449号

我的时尚厨房

著　者：[澳]加布里埃拉·斯科利克
译　者：吕文静
策划推广：北京全景地理书业有限公司
出版发行：中信出版集团股份有限公司
　　　　　（北京市朝阳区惠新东街甲4号富盛大厦2座 邮编 100029）
　　　　　（CITIC Publishing Group）
承 印 者：北京利丰雅高长城印刷有限公司
制　版：北京美光设计制版有限公司

开　本：700mm×950mm 1/12　印 张：21.5　字　数：94千字
版　次：2016年3月第1版　　印　次：2016年3月第1次印刷
广告经营许可证：京朝工商广字第8087号
书　号：ISBN 978-7-5086-5857-5/G·1307
定　价：88.00 元